# BOOK BAR

ANNE & SHINICHIRO OKURA

お好みの本、
あります。

杏＆大倉眞一郎

新潮社

目次

# 本から始まる四方山話　～はじまりにかえて～

東京、六本木のとあるバー。

本を一冊ずつ持ち寄った男女が、話し始める。

そこで広がる会話は、必ずしも直接的に関連することだけではない。バーに漂う紫煙のように、ふわふわとどこまでも広がる。さらにそれはラジオの電波に乗って、土曜日の夜の空に漂ってゆく。


そんな四方山話が、かれこれ十年続いている。

初めてバーの扉を開けた時21歳だった「女」杏は、モデルから演じる仕事も始め、名字も変わり、三十路に足を踏み入れ母にもなった。50歳だった「男」大倉眞一郎は、部屋の暗さがちょっと気になるようになったが、髭も白くなりダンディさが増し、還暦を迎えた。


このバーの中で二人が紹介しあった本の作品数は、ゆうに千を超える。

その中から選んだ五十冊を、こうして形に残すことになった。

本との出会いは、人との出会いに似ている。

偶然もあるし、必然もある。出会えた縁は何よりの幸いだし、それ以上に出会わない、出会えない縁も星の数ほどある。それらが連綿と連なって人生を紡ぐ糸になっているのだろう。見返せば、ああ、あの時はこうだった、とすぐに思い出すことができる。

これから始まるのは、書評ではなく、あくまで「本から始まる四方山話」。気楽にパラリとめくっていただいて、クスリと笑ったり、楽しそうだなと思ったり、あわよくば読んでみようかなと思っていただければとても嬉しい。ソファに座ってだろうか、ベッドに転がりながらだろうか、通勤電車か何かでとてもそういう姿勢にはなれないとしても、心の中で最大限リラックスできる状態で、構えずにページをめくっていただければと思う。

こうしてこの本を手に取ってくださった方も、何かの縁。たとえ今この瞬間、興味が無かったとしても、まずは一ページ。一冊、一献、四方山話。

ラストオーダーまで、お付き合いください。

杏

装画・挿画　イオクサツキ
装幀　新潮社装幀室

# BOOK BAR

‖ お好みの本、あります。‖

# 一番遠くて近い、魅力的な時代のヒーロー

『幕末新選組』池波正太郎　文春文庫

大倉　杏ちゃんが歴史上の人物で、この人はもう絶対会ってみたいっていう人は？
杏　そうですね、原田左之助です。
大倉　いきなり知らないなあ。
杏　幕末に生きた、新選組の中の一人です。いろんな人に会いたいけど、やっぱり写真がない人に会ってみたいですね。
大倉　その人は写真がないの？
杏　ないんですよ。ただ、隊内でも美男子だと評判だったらしいので、ちょっと会ってみたいなと。
大倉　美男子がお好みで。でも、みんな沖田総司とかっていいますよね。
杏　確かに沖田総司も会ってみたいですね。
大倉　じゃあ新選組だったら誰でもいいの（笑）。

杏　いや、本当、会ってみたいですよ。そんな新選組の永倉新八が主人公、池波正太郎さんの『幕末新選組』です。10代の頃、新選組の漫画とかが流行ったり、大河ドラマでも新選組をやったりと、2、3年くらい新選組が取り上げられていた時期があって。ちょうどその最初の頃に、新選組にはまって。おじいちゃんが歴史好きで「新選組いいよね、おじいちゃん」と言ったら、これをくれたんです。文字も小さくて、本当に昔の本っていう感じなんですけど。

大倉　新選組にはまってから、どのくらい読んだんですか。

杏　自宅の本棚に新選組及び幕末の本がワンコーナーありますね。

大倉　（笑）。10代で？

杏　10代から、何年かかけて、ぼちぼちと集めて。中3の卒業旅行では京都に行きました。八木邸という彼らの詰めていた屯所に行ったり、京都のゆかりの地をいろいろ巡ったり。東京の日野にも行きました。日野は新選組の隊長の近藤勇、土方歳三、井上源三郎など、さまざまな人たちが集まっていた場所でもあるんです。

大倉　ちなみに、今資料も何も見ないで、そらで言ってるんですよ、杏ちゃん。

杏　おたくの域に入ってますね（笑）。あと、新選組は会津藩御預かりだったので、運転免許を取って初めての遠出は、福島県の会津に行きました。

大倉　もう私の出身の長州とは犬猿ですよ。しかも佐幕派でしょ、杏ちゃんは。

杏　最近はそうでもないんですよ。どちらかというと幕府の側ですけど、今後は坂本龍馬とか、西郷隆盛、桂小五郎など、逆サイドからも見てみたいなと強く感じております。

大倉　一般的には佐幕派の方が逆サイドなのでは（笑）？

杏　そうですか（笑）。何か滅びの美学に通ずる魅力があるんですよね。

大倉　桜ですか。

杏　桜です。花は桜木、人は武士……。ここで本に戻りますと、主人公・永倉新八は江戸っ子なんですね。江戸の生まれで、新選組幹部の中では斎藤一と並んで大正まで生きました。

大倉　随分長生きしてますね。

杏　昔は多かったらしいんですが、数えで77歳で虫歯がもとで亡くなったんです。ちゃきちゃきしていてさらっとした感じの快活なキャラクターもすごく気に入って。近藤勇だったり、沖田総司だったり、土方歳三だったりがすごくフィーチャーされてきた新選組の中で、あえてこの永倉新八一人で、最初から最後まで終わるのが新鮮で。ちなみに、この場合の「新鮮」は、フレッシュな方です。

大倉　ちなみに新選組の「せん」の字は、選ぶでも構わないし、てへんの撰でも構わないんですよね。

杏　はい。当時は音さえ合ってれば構わないっていう感じの風潮でした。だからサインも、本人ですら違う漢字を当てていたりするんです。

大倉　そうなんだ。今日、知らないことばっかり（笑）。

杏　沖田総司も、本人が「じ」と当てる漢字を使っていたから、「そうし」ではなく「そうじ」だと特定できたそうです。江戸時代の方が、色々なことがアバウトだったんだなって思います。幕末は一番遠くて近い、魅力的な時代ですね。

大倉　僕、一応大学は史学科を卒業しているんですが、全く言葉を返せません。さすがだなあと。本当に歴史って、がっちりしたものがあると思ってしまうと、実は結構危ない。結局、見る側によって、解釈が全然変わってきますしね。

杏　そうですよね、歴史を作ったのも結局勝った側からっていうのが多いですもんね。

大倉　日韓の教科書問題で、いろんな検討会を重ねて、お互いに共通史を作ろうとやってみているようですが、うまくいってないですよね。

杏　難しいですね。

大倉　歴史っていうのは、事実というものがきっちりあるとはいえないものなんですよ。はるか昔に大学で、歴史は解釈だと教わったんです。だから昔、歴史小説は、通俗小説や大衆小説と同じく、一段下に見られていたことがあるんです。あの司馬遼太郎でさえ、ちょっとしたインチキ小説家みたいな言われ方をしていたことがある。

杏　今でこそ大先生という評価ですが、歴史を適当に書いて、みたいにね。

大倉　何と!!

　　歴史を紐解いてみると、いろんな発見があって、普段話しているようなこととは全くかけ離れた話題がぽんと出てきたりして、非常に面白いですよね。

杏　そうですね。あと、歴史小説の面白みって、見ていないのにわかるとか、知らないのに知っているという、あの感覚ですよね。自分の中に流れるものを何となく感じるのが不思議です。例えば、歴史小説に限らず、江戸市井の話や、人情ものとか。

大倉　面白いですよ、江戸の話は。

杏　見たこともない江戸の風景とか、長屋の風景がぱっと浮かんでくるんですよね。何なんでしょう、あれは。

大倉　本当に行ってみたいですね。屋台で寿司やそば切り食って、ちょんまげ結って。

杏　いやあ、行ってみたいです。

大倉　両国の江戸東京博物館は何回か行きましたが、楽しくてね。

杏　大好きです。何度行っても常設展が見切れないぐらい、細かく作られていますよね。

大倉　さすが！　では先生、次回もぜひ講義のほどをよろしくお願いしますね。

杏　はい、長々と失礼しました（笑）。

（2008.5.10 OA）

## 科学者ですら神を信じたくなる宇宙の超偶然

『幸運な宇宙』ポール・デイヴィス　日経BP社

大倉　ポール・デイヴィスの『幸運な宇宙』という本です。原題が"The Goldilocks Enigma"。Goldilocksとはイギリスの童話の主人公の女の子の名前です。女の子が熊の家に迷い込んで、熱すぎも冷たすぎもせず、ちょうどいいあたたかさのスープを飲んで、硬すぎず柔らかすぎず、ちょうどいいベッドを見つけるという話からきているんですね。Enigmaは謎という意味ですから、そんなへんちくりんなことがあっていいの、という謎とでもいいましょうか。副題がWhy is the Universe Just Right for Life?で、訳すと、「なぜ宇宙は生命にちょうどよくできているのか」。宇宙物理学をどんどん深めていくと、科学者でも、神が本当にいるのかいないのか、という疑問に当たる。宇宙がこんなにも都合よく、人や生命が存在できる形になっているわけがないと思うらしいんですよ。

杏　ものすごい確率でここにある、と。

大倉　そう、ありえないと。ほんのちょっと何かが崩れただけで、この宇宙は存在しないらしいんです。ところが微妙な匙加減によって宇宙が保たれている。

杏　見えない誰かの存在を感じざるをえない、と。

大倉　だから神がいるのではないか、という話になってくる。もちろんそんなわけないという科学者もいます。我々のいる宇宙は、ビッグバンから始まったといわれますよね。今宇宙は、生まれてから１３７億年たっている。地球には１３７億年前以降のものについては光が届いていないから見えない。宇宙には地平線があるとよくいわれる所以ですね。そこから先が見えないなら、宇宙には終わりがあるのかと、ある科学者に聞いたことがあります。そのときは「そんなことわからないよ」と言い切られました。ところが最近「マルチバース」という理論が提示され始めました。ビッグバンはあちこちで無限の数だけ起こっている。無限の可能性を持っている。つまりすべての可能性は否定できない。考えたことはすべて起こっていると考えても大体間違いではない。

杏　それをただなぞっているだけかもしれないと。

大倉　なぜ「マルチバース」という考え方が出てきたかというと、我々のいる宇宙は無限分の一の確率で存在しているわけで、神が作ったのではなく、単なる偶然でしかない。だめになった宇宙もいっぱいあるし、我々と同じような形で生命が存在している惑星もある。杏ちゃんと僕が話をしている別の宇宙もあるかもしれない。昔読んだ手塚治虫のマンガでそんな話がありました。ちなみに、宇宙といえば星ですが、杏ちゃんが見た星空で、これだ！というものはありますか？

杏　小学生のときに行った屋久島の星空が、今まで見た中で一番きれいでした。海に見に行ったんですが、水平線ぎりぎりまでわっと星が見えて、空がきれいだからか、びゅんびゅんほうき星が飛んでいるのが見えるんですね。流れ星が海に落ちてじゅっという音が聞こえるのではないかというくらいの近さでした。

大倉　僕がきれいだと思ったのは、ネパールのチトワン国立公園というところで見た星空です。あえて電気をおさえていて、夜になると空が星で埋め尽くされるんです。空にあんなに星があるなんて知りませんでした。

杏　昔の人は想像力豊かだったんだなと思います。たとえば、ギリシャ神話によるとさそり座とオリオン座が一緒に空に現れないのには訳がある。めちゃくちゃしていたオリオンをおとなしくさせるために、さそりがオリオンをちくりと刺して、殺されたオリオンは天に上がらせてもらい、同じくさそりも功績を認められて天に上げてもらった。でもやっぱりオリオンはさそりが怖いから、同じ空には一緒に現れないことになっている……。うまくできていますよね。

（2008.5.31 OA）

## すっきりさっぱり、14歳の自分に会いたくなる

『カラフル』森絵都　文春文庫

杏　今回は森絵都さんの『カラフル』です。

大倉　森さん、僕ぐらいの年齢の人はあまり知らないですね。

杏　児童文学というんでしょうか。中高生向けの小説という感じですね。易しくないけど、難しくなく、でもすごく心に響くっていう。

大倉　きちんと読める感じがありますよね。

杏　はい。ストーリーは14歳の真くんが主人公なんですけれども、気がついたら死んでいた。で、天国に行ったら天使が現れて、「パンパカパーン、あなたは抽選に当たりました。これから与えられるハードルをクリアすると、生き返れるかもしれません」みたいなことを言われます。

大倉　生き返りたくなるかね、まあ若いときっと生き返りたくなるね。

杏　そのハードルというのが、現世にある少年の体に戻って生活をするところから始ま

るんです。人生いろいろあるけれども、いろんな色にも満ちあふれているよという本ですね。

大倉　それは実際にいろんな色が出てくるんですか。

杏　いえ、もっと抽象的なカラフルさですね。彩りといったほうがいいのかな。読んだあとの読後感はもうすっきりさっぱりで、ああ、頑張ろうかなって思えるような。とても励まされます。

大倉　オジサンも励まされたいんで、読んでみようかな。

杏　最後も少しどんでん返しがあったりして。全体的にとても青春風味でいいですね。

大倉　主人公は14歳。杏ちゃんが同い年のときって、まだ8年前じゃない。

杏　そうですねえ。

大倉　どうでした。

杏　新選組に出会った頃ですかね、ちょうど。

大倉　老けた中学生だよねえ（笑）。こういうカラフルな感じでしたか？

杏　好きな人がピンクに見えて、もういきなり好きですという手紙をつっけんどんに渡しちゃうような痛々しいことばっかりしていた中学生だったように思いますね。大倉さんは14歳というと？

大倉　もう教師と大げんかばかり。僕、その頃は下関ですから。エレキギターを手にしただけで不良少年のレッテルを貼られました。もう本当にふざけた野郎だと言われてずっとけんかでしたよ。

杏　エレキギターは、どうやって先生にばれてしまうんですか。学校に持っていくんですか。

大倉　学校に持っていってたんです（笑）。

杏　それは怒られるかもしれないですね（笑）。

大倉　音楽の授業の発表で、僕らグループでやりますって言って、ドラムとエレキギターを持ち込んで普通の教室でどんちゃかやったもんだから、ものすごく怒られましたね。

杏　え、じゃあ普通の人の発表は。ピアノで歌うとか。

大倉　歌、歌ってたりするぐらいでしょ。

杏　面白い、でもいい授業ですね。独創性にあふれています。

大倉　ちなみに、22歳の杏ちゃんが、14歳の杏ちゃんに声をかけられるとしたら、何て言いますか。

杏　「時間は有効に使っておけ」と言いたいですね。

大倉　何か先生みたいだね、何か急にね。

杏　あとやっぱり何でしょう、学生時代って二度と戻れない時代だから、本当に満喫し

大倉　てほしいなって思います。

杏　満喫してましたか。

大倉　割と満喫していたんじゃないかと思います。でもやっぱりあり余る時間があった学生時代っていうのはもう返ってこないから、その時間をたくさん楽しんでほしいなあと改めて言いたいです。いつまでも続くんじゃないぞって。休みとかなくなっちゃうんだぞみたいな（笑）。

杏　なるほどね。いいこと言いますね。

大倉　日々に追われるぞって。

杏　僕が14の自分に声をかけるとしたら、うーん、でもおんなじかな。

大倉　「楽しめ」みたいな？

杏　中途半端に妥協しないで、先生ともっとやれって言うかもしれない。

大倉　あとはもっとエレキギターやっとけ、とか。

杏　もっと弾いとけ、でも学校じゃやるな、みたいな。そういうことですかね（笑）。

大倉　僕は比較的、今でもそうなんですが、おまえもう家にずっといろって言われたら、「はい」って家にいちゃう、引きこもりタイプなんですが、杏ちゃんはそんな気になったこともないですか。

杏　そうですね、仕事を15歳から始めたので、そう思う頃にちょうど外に出るようになったっていう感じですかね。お化粧とかも興味を持つ前に仕事を始めたので。

**大倉** スタジオへ入ると、じゃあここに座ってみたいな。

**杏** マスカラをつけるのが最初怖くてしょうがなかったです、目に迫ってくる棒みたいな感じで。つけたらつけたで、何かまぶたが重い気がするって、何かと戸惑ってましたね。

**大倉** なるほど。そのときは学校にはすっぴんで行ってたわけですよね。

**杏** いや、私は昔、本当に眉毛がないのがとってもコンプレックスで、描いていってました（笑）。でも当時の写真を見ると、とにかく下手くそなんですよ、描くのが。その15歳の私に言ってあげたいですね。その眉毛痛々しいから止めてって。

（2008.6.7 OA）

## 自分の前世を追ってイタリアへ！

『前世への冒険　ルネサンスの天才彫刻家を追って』森下典子　知恵の森文庫

杏　今回は、森下典子さんの、『前世への冒険　ルネサンスの天才彫刻家を追って』というノンフィクションです。森下さんは、前世に対して疑問を持ちながらも、あなたの前世はイタリアのルネサンスの彫刻家デジデリオだと言われます。そんなに有名ではないけれど、確かにデジデリオという人物は存在していて、不思議に思い、その彼を追う旅に出ます。自伝のような、体験記のような旅行記です。ドキュメンタリーのようなテンポの良さで、ものすごく面白くて、最後まで止まらない。

大倉　森下さんは、前世をどうやって知ったんですか？

杏　ルポを書くために前世を見る人を訪れるんですね。その人はまったくイタリア語がわからないけれど、ぱっと頭に映像が浮かんでくるから、こういう文字が見える、看板が見えると、イタリア語でノート一冊くらい書いてくれたそうです。たとえば無条件に怖いものがあると、前世が関係しているという話もありますよね。なんとなく暗闇が怖いとか、水が苦手とか。森下さんはもともとすごくイタリアに惹かれていて、何度も旅行に行っていて、デジャヴュも味わっていたそうです。

大倉　杏ちゃんは何が怖いの？

杏　私は密室が苦手ですね。モデルのお仕事のとき、フィッティングルームで着替えることが多いんですが、すぐに出ちゃうくらいです。

大倉　じゃあ、座敷牢に閉じ込められたとかいう前世があるのかもしれないですね（笑）。

杏　そうかもしれません、ボタンを全部かける前に外に出ちゃうくらいですから。自伝といえば、大倉さんの著書『漂漂（ふわふわ）』はある意味自伝ですよね。

大倉　僕、あんまり隠したいことがないんですよね。書いているのが本当のことなんで、とりあえず分割で自伝を書いているような感じでしょうか。

杏　読ませていただいたんですが、大爆笑しました。笑えるところもあり、考えさせられるところもある。知らない世界が広がっていきました。

大倉　海外に出ると、自分が知らない自分が出たりしますからね。それを観察するのが面白かったんです。杏ちゃんは小学生の頃から日記書いてるんだよね、いつか自伝を書いてみたいと思いますか？

杏　小学校時代の日記は全部で68冊です。自伝はまだいいですが、いつかは本を出してみたいなと思っています。

**大倉**　ええー！　そんなに書くことある？　書くことない日がたくさんありませんか。

**杏**　くだらない日記が多かったですね。それでも、自分にとっては小学校時代の毎日は色々な色で溢れていたんではないでしょうか。

（2008.6.14 OA）

◆『漂漂』は絶版になっております。復刻したいという出版社を絶賛募集中です（大倉）。

◆この後、エッセイ本などを出しました!!　本を作ってみて、一冊一冊の重みの感じ方が変わりました（杏）。

## 爆発的な面白さ！　映画『スラムドッグ$ミリオネア』原作

『ぼくと1ルピーの神様』ヴィカス・スワラップ　ランダムハウス講談社

大倉　これは、書評を見てすぐ買おうと本屋に行ったらなくて、ネット書店でもずっと売り切れてて。業を煮やして出版社まで電話して、「いつ第2刷出るんですか」と問い合わせたりして、ようやく手に入れた本なんですけど、爆発的に面白いんですよ！

杏　タイトルの「ルピー」は、インドのルピーですよね。

大倉　そうです。原題は"Q&A"という小説です。日本でも「クイズ$ミリオネア」って番組ありましたよね。インドでも同じような番組があるという仮定のもと書かれていて、12問全問正解すると、10億ルピーが手に入るんです。これ破格の値段の設定なんですよ。日本円でいうと30億ですね（※放送当時1ルピー＝約3円）。

杏　物価的な違いもあるから、日本でいう30億円よりもっともっと大きな金額としてとらえていいですよね。

大倉　そうそう。日本円の30億でも想像できないくらいなのに。本書では、主人公がその30億を手に入れるか入れないかというところで、いきなり警察に捕まっちゃうんですよ。「こいつは何か不正をしていたにちがいない」と。また、テレビ局側がただ賞金を払いたくないから何とかしてくれよ、という節もある。主人公は18歳のスラム育ちの少年なんですが、学のないはずの彼がなぜ全問解答できたのか。それは、彼がそれまで体験してきたことによって偶然うまく答えられるという話なんです。12問の中で彼の体験がいろいろ織り交ぜてあり、そこでインドの抱える矛盾を吐き出しているような小説なんですね。面白いのは、著者のヴィカス・スワラップが現在も政府の外交官であり、政府関係者がインドの抱える問題をこんなに書いちゃって大丈夫ですか、というくらい赤裸々なところ。警察までこんなことになっちゃっているのを認識しているわけ？と。一方で、インドというのは世界最大の民主主義国家と言われているんですね。今人口は12億くらい。そんな中まともな選挙をきちんとやっている。もちろんいざこざはあったりしますが、基本的には不正はきわめて少なく、民主主義が成り立っている。

杏　そうなんですか！　大倉さん、インドはよく行かれるんですよね？

大倉　今までに3回行ってますね。この前3回目に行ったときは40日間滞在しました。

杏　40日！　実際にインドで、この本に出てくるようないろんな問題を感じますか？

大倉　たとえば身分の問題とか……。ものすごく感じますね。廃止されたといっても、カースト制は厳然と残っていて、何千も細かな形でカーストが分かれていますし、女性に対する差別も根強く残っています。持参金問題で嫁ぐなり殺された女性や、夫が死ぬと火の中に追われて殺された女性など、たくさんの問題がある。

杏　問題をただ発信するのではなくて、小説として興味深く読んでもらえるというのは、外交官である著者の手腕ですよね。きちんと面白いっていうのがすごい。

大倉　この本はただの問題提起ではない、大変なエンターテインメントになっているんです。

杏　インドはまだ行ってないので、一度行ってみたいです。

大倉　行きますか！

杏　じゃあ、ＢＯＯＫ　ＢＡＲフロム・インドで。

大倉　ベナレスにしましょう。ガンジス川見ながらね。

（2008.6.28 OA）

◆その後、この小説を映画化した『スラムドッグ＄ミリオネア』がアカデミー作品賞を受賞し、スワラップさんは外交官として大阪に赴任されました。スタジオに来ていただいて、お話を伺えたのは僕の自慢です（大倉）。

## 佐幕派も討幕派も入り乱れる幕末を一挙におさらいできる！

『幕末史』半藤一利　新潮社

杏　長州もとい山口県出身、討幕派の大倉眞一郎さん。幕末でどなたか挙げるとしたら誰ですか。

大倉　尊王攘夷とは言いませんよ（笑）。人間として面白いなと思うのは、高杉晋作です。彼が詠んだという「おもしろきこともなき世をおもしろく」っていうのがありますよね。

杏　いわゆる辞世の句ですね。

大倉　ええ、そんなことを言う少しやんちゃなやつですが、27歳の若さで死んでしまったんです。

杏　すごいですよね、27までにそんなに大きなことをしでかしたのかと。

大倉　相当いろんなことをやっちゃっていますからね。大変な人生ですよね。

杏　同じく長州出身の吉田松陰も、今の中学生ぐらいの年齢で、確か藩の中で一番偉い先生に昇格するんですよね。あの時代の持つパワーはすごいなと、最近さらに思った本、『幕末史』を紹介します。半藤一利さんによる語りおろしで、分厚いけれど、とても読みやすくなっています。というのも、4カ月にわたって繰り広げられた彼の講義をまとめた本だからです。まず特筆すべきは前書きで、かなり反薩長であるというふうに言っています。

杏　いきなりだね（笑）。わざわざ薩長がいかんと言うのは、どういう点ですか。

大倉　「維新」という言葉は、本当は「瓦解」であり、徳川幕府が崩れ落ちたことが明治が始まったきっかけだと言っています。

杏　なるほど。積極的なレボリューションじゃなかったと。

大倉　レボリューションというよりは、テロが多く、そういう乱暴なところもあったんじゃないのかと。半藤さんは東京出身なので、そういった薩長史観がなだれ込んできた空気の中に育って、で、ご親戚が東北のほうにいらっしゃるので、東北だとやっぱり瓦解だと。

杏　なるほど。それだ、なるほどね。

大倉　はい。俯瞰して幕末全体をだーっとおさらいできるような本です。私は新選組をきっかけに幕末史に入りましたが、他にもいろんなルートで幕末史に入る方がいると思います。それぞれがいろんな目線で今まで持っていたものを、さらに引いた眼で

大倉　見られるという素敵な本だなと思いました。幕末というと、とにかく入り組んでいて、いろんな人が一気に出てきて……という印象があったので、今回この本に出てきた人を片っ端から書き出しながら読みました。

杏　普通書き出さないよ。

大倉　全然まとまってはいないんですが、この人物とこの人物を線で結んで……とやっていたら、端から端まで線が伸びたり。最終的にはそんな滅茶苦茶な相関図になりました。

杏　幕末って、本当に佐幕派と討幕派がただけんかしているような錯覚に陥ることがありますが、人がぐちゃぐちゃに入り乱れてますよね。

本当にいろいろなことが起こって、昨日まで佐幕派だったのに、今日は討幕派っていう人もいたり。かと思えば、すごくいいところで世の中から消えてしまった人もいたり。捕らえられる人もいれば、いきなり頭角を現す人もいる。濃い時代ですね。

半藤さんは向島生まれのちゃきちゃきの江戸っ子で、その語り口で書かれているので、大変歯切れのいい文章となっています。

大倉　めくってみると読みやすくて、落語を読んでいるような感じもしますね。

杏　半藤さんは勝海舟が大好きらしいんです。なので、もう「ここでまた勝っつぁんっていう、おじさんが出てきてさあ」というような言い方なんです。

大倉　その勝海舟ですけど、どこにでも顔出すでしょ。

杏　それは本当に相関図を作っていて強く感じました。もう勝海舟からあらゆる人物へ、放射状に線が伸びているような。本当にすごい人だなと思いました。

大倉　佐幕派も討幕派もないつき合いをしていますよね。新政府になってからも一部の人に重用されて、うまくやりやがってみたいに言われてたみたいですが。

杏　よくまあ暗殺されずに明治まで生き延びたなと思うくらい。

大倉　相当なオーラを持っていたんでしょう。ただの八方美人だとか、いろんな言い方もあるようですが、会うとみんなが好きになっちゃう人だったんでしょうね。

杏　そうですね。勝海舟語録なんかも残っているので、読んでみたいなと思っています。

大倉　なるほどね、さっき高杉晋作の話をしたんですけど、奇兵隊というのは、正式な軍隊ではなく、農民や町民も全部含んだ軍隊だったんですよね。ですから、下関はそういうところでは非常に評価が高い。実は下関が幕末に非常に大きな役割を果たしているんですね。下関戦争では、四カ国艦隊に砲撃を加えられて占領されたり、彦島を割譲しろと言われたりしたこともあるんです。それは高杉晋作が出ていって断ったんですけどね。なんで下関って、へんちくりんな人間が多いんだろうと思っていましたが、そういう歴史の舞台になったこともあるからなのかなあと、こないだ帰省してちょっと冷静に思いましたね。ちなみに新選組の大ファンの杏ちゃんとし

杏　ては、五稜郭は見たんですか。

大倉　まだ行ってないんです。いいなあ。その場の空気を感じたいですね。五稜郭で生き残った榎本武揚も新幕府では重用されていますよね。ですから、必ずしも明治維新後に前の体制にいた人間を皆殺しにしたとか、そういうことではなかったようですよね。

杏　はい。ただ、いまだに尾を引いているのもすごいですよね。もう100年以上前のことなんですけれども、国の大学、つまり国公立大学ができるのが会津のエリアが一番最後だったそうで、何と1993年なんです。

大倉　ついこないだだね？

杏　本当についこないだまで大学がなかったというので、できたときは会津の市長の方が涙を流して、確か「やっと報われた」というようなコメントを残していらっしゃったんですよね。

大倉　それ山口県の人間は入れないんですか。

杏　それはさすがにないと思いたいですよね（笑）。

（2009.3.7 OA）

◆最近、大倉は寝返って佐幕派寄りになっています。故郷に帰りにくい（大倉）。

## バベルの塔は実在した⁉　言語が語る不思議

『世界の言語入門』黒田龍之助　講談社現代新書

杏　世界各国を回られている大倉さんですが、何カ国語話されますか。

大倉　まず日本語と、英語は話せます。中国語は、電話で簡単なやり取りぐらいだったらできますね。イギリス人の履歴書のように、一回でも授業を受けたことがあれば話せるということにすると、スペイン語、ドイツ語、フランス語も（笑）。

杏　なるほど（笑）。そんなイージーな感じなんですね、海外は。

大倉　そんな感じなんですよ。一応、どれも一文ぐらいは言えますよ（笑）。

杏　今回は、そんな言語の話です。言語学者の黒田龍之助さんが書かれた『世界の言語入門』によると、世界には3千から5千の言葉があるらしいんですね。

大倉　人によっては数え方が違って、もっとあるっていう人もいらっしゃいますよね。

杏　はい。たとえばアイヌ語や、もっと少数民族の言葉を数えるとか、そんなたくさんの言語の中から、あいうえお順に彼が抜き出した90言語について書いた本で、言語の説明というよりは、エッセイ集と言ったほうが近いのかもしれません。世界の言語を旅して回れる一冊となっています。

杏　うーん、この本を杏ちゃんが持ってきたっていうのが悔しいなあ（笑）。

大倉　これは本屋で見かけた瞬間に、大倉さん好きなんじゃないかなと思って（笑）。以前大倉さんも「国マニア」として、いろいろな世界を、1周できるような本を紹介されていたので、今回は私が「言語マニア」と称して持ってきました。

杏　まいりました！

大倉　いえいえ（笑）。言語学の本は、どう学術的に捉えるか、どう読者に伝えるかということで、専門的な言葉が多く並びがちなのですが、この本の面白いところは、難しい部分をポンッと捨て置いているところです。それは、黒田さんが言語に親しんでもらいたいと考えていらっしゃるから。「この文字の形かわいいよね」「ここの国に行ったときのエピソードなんだけど」「こんな文化の違いがあって面白いね」……というように、黒田さんの中の言語のイメージが垣間見える気がします。

杏　いいですね。言語学の導入の本としては、ものすごくいいんじゃないでしょうかね。

大倉　黒田さんは、少数派の言語や、日本の方言がどんどん消えていっている現状を憂えていて。少数だから生きていちゃいけないとか、大きい言語だから残っていくべきという考えは一回やめて、フラットに、いろんな言葉があるんだよという理解を深

大倉　めてほしいという願いがあるんです。

杏　利便性だけで言えば、英語、スペイン語、中国語が話せれば、おそらく不自由はほとんど感じないでしょうね。ただ、怖いのは多様性を失うことだと思います。いろんな人間がいて、そこで摩擦があったり、あるいは、合わせていったりすることで生まれてくる何かっていうものに、やっぱり期待をしたほうがいいと思うんです。インターネットで情報のやり取りが一瞬でできたり、簡単に異文化を吸収できたりする。となると、理想としては相互理解につながるはずなんですが、黒田さんいわく、それが逆に作用していると。つまり、逆に愛国心をどんどんかき立てて、弱い者や異なる者を排除するっていう流れになってしまっているそうなんです。

大倉　本当は、世界の多様性と広さを楽しみたいですよね。

杏　はい。ナショナリズムや多様性など、ちょっと広い話になりましたが、基本的には、かなり楽しく読める本です。全然聞いたことのない言語もたくさんあります。

大倉　何が一番面白そうでしたか?

杏　ウォロフ語という西アフリカあたりで使われている言葉です。私たちの言語で単語になるものを直訳すると、彼らの中では文章になっていて。例えば、「こんにちは」に当たる言葉を日本語に直訳すると、「夜を平安に過ごしましたか」という文章になるらしいんですね。「夜を平安に過ごせたから今がある」と、そういうふうに捉えるんだとか。あとは、博多どんたくの話も面白かったです。どんたくもオランダ語なんですよね。

杏　「どんたく、どんたく」のどんたくですか。

大倉　博多どんたくのどんたくです。オランダ語で、もともと「ゾンダク」という、「日曜日」という意味の言葉があります。よく土曜日のことを半ドンと言いますよね。これは、半分授業があって半分休みになるから、半分日曜日だということで半ドンタク、略して半ドンになったっていう。

杏　そうなの？　本当に。太鼓の音じゃないの。

大倉　そう書いてありました（笑）。

杏　僕が面白いと思っているのは、グルジア語です。グルジア文字っていうのが、南インドから東南アジアの文字にすごく近いんです。コーカサスにあるグルジアの文字と、遠く離れた南インドがどうつながれば、こんなに似た文字ができるんだろうと思ってすごく不思議で。

大倉　どっかで交流があったんでしょうかね。日本語のルーツも、いまいちよくわかってないらしいですよね。よくポリネシアからきているんじゃないかとはいわれるんですが、はっきりとした出どころっていうのは、いまだに謎らしいですね。

杏　うんうん。ぐちゃぐちゃなんじゃないかっていう気がしますね、いろんなものが混ざっているという。

杏　「ありがとう」がポルトガル語の「オブリガード（意味：ありがとう）」に似ているとか、「名前」と英語の「ネーム」が似ているとか……。

大倉　そういう話、多いよね。

杏　と、考えると、やっぱりバベルの塔はあったんじゃないかなとか思いませんか？　最初は一つの言語で、分かれたから世界中に似たような言葉があるというの、ちょっと夢が入ってますかね。

（2009.4.4 OA）

◆ちなみに2015年に日本でも正式にグルジアをジョージアと呼ぶことになりました（大倉）。

## 今も受け継がれる『武士道』の女性版！

### 『武士の娘』杉本鉞子　ちくま文庫

杏　今回は、『武士道』の女性版を持ってきました。

大倉　なるほど。武士は男ですよね。でもこれは女性版なんだ。

杏　杉本鉞子(えつこ)さんの『武士の娘』という自伝です。彼女は明治6年、維新の直後に生まれます。お父さまが越後長岡藩の家老で、かなりいいお家だったそうです。でも、佐幕派だったので、維新後にお家がどんどん小さくなっていくなかで、江戸時代のまま厳格に育てられます。寝るときの体勢も決まっている。5、6歳ごろから漢詩や論語を学び、授業の間は微動だにしてはいけない。足をちょっと組み替えようものなら、お師匠さんにもう今日は帰れと言われてしまう。

大倉　それは大変な教育ですね。

杏　今から考えると本当に大変で、読んでいるともういいじゃないの、と思ってしまうような感じです。でもそれがためになったと書いてありますね。杉本さん自身は白人の方が初めて家に遊びに来たときに、障子に穴をあけて様子を覗いたくらい、好奇心が旺盛だったようです。また、彼女のお兄さんはアメリカに留学するなど、先進的な考え方を持っていて、そのご友人が彼女の旦那様になるんですね。旦那様もアメリカに行くということで、杉本さんは東京に出て英語の勉強をはじめ、アメリカにわたると同時に結婚し、ふたつの文化の中で戸惑いながら暮らしていく様子を綴っています。

大倉　『武士の娘』というタイトルからも、家を誇りに思っていたんでしょうね。

杏　そうですね、お家のことは誇りに思いながらも、途中でキリスト教に改宗して帰ってきたら、仏前に彼女の変わった姿を見せまいと、お仏壇を隠すように目張りが張ってあったりしたそうです。そういった当時の価値観の違いなんかもだいぶ書かれていますね。たとえば、元武士の人が家畜として育てて産業にしようと、牛を買って帰ってきたら、「家名の恥」だから「死んでお詫びする」というようなことを言って、その家のお母さんが死んじゃったりするんですね。「牛が来た、かわいいな」では済まされない、この価値観の違い。

大倉　すごいねぇ。東大の教授や、拓殖大学・東京女子大学で学長をつとめた新渡戸稲造が『武士道』を書いて、「武士道」は海外でも通用する言葉になりました。

杏　そうですね。この本が新渡戸さんの『武士道』と共通している最大のポイントは、大倉　2冊とも英語で書かれているということ。当時のアメリカの雑誌「アジア」に連載されたものを、日本語に翻訳して逆輸入したのがこの本なんです。原題は"A Daughter of the Samurai"といって、当時7カ国語に翻訳されて、世界的ベストセラーになりました。

杏　それはすごい。当時、日本では、喜んだり、悲しんだり、怒ったりという自分の感情を外に出すのはよくないと、感情を押し殺すような教育がされていました。でも未だにその部分が受け継がれている部分もありますよね。

大倉　日本人は喜怒哀楽を出さないと言われますよね。

杏　武士道という観点から見て、感情を押し殺すのもかっこいいなと思いますが、海外に合わせていくしかないんでしょうか。

大倉　現代で「武士道」と一言で言っても、解釈が様々。それが今海外で通じるかというと、どうでしょうかね。

杏　海外はアピールの文化ですもんね。

大倉　黙ってたら誰も気付かないよね。

杏　私はついつい黙って考えちゃうんですよね。

大倉　あちらの人は「言ってなんぼ」の世界で暮らしてますから、「察してくれ」みたい

　　なのは通じないですよね。

杏　昔、日本人がアピールしないでも世界で通用していたというのも、何を考えている
　　かわからないと、怖がられていたからだとも聞きます。

大倉　今はむしろ、日本人は笑顔が多いですもんね。杏ちゃんの笑顔とか、僕の笑顔とか
　　中々いいですよ。

杏　ラジオだとお見せするのは難しいですけどね（笑）。

（2009.4.11 OA）

## 乱暴な魅力を切り取った、ブレない写真集

### 『凶区　Erotica』森山大道　朝日新聞社

大倉　森山大道の『凶区　Erotica』、これは日本中、世界中のあらゆる都市で撮られた写真集です。森山大道といえば、「アレ・ブレ・ボケ」です。

杏　きれいな完璧な写真というよりは、場の雰囲気がざっと入ったような感じですか？

大倉　もっと具体的なんですよ。「アレ」っていうのは粒子が荒れてるってことで、粗い粒子で他の写真と違いを際立たせていく。「ブレ」っていうのはシャッタースピードを遅くして、ブレさせていく。「ボケ」というのは、被写界深度が足りなかったりピントがあってなかったりしてボケる。

杏　すべて白黒の写真なんですけれども、コントラスト、濃淡がはっきりしているというか。濃いところは何も見えないぐらいで、差がすごいですね。

大倉　おそらくご自身で焼かれているのだと思うんですが。特にモノクロは焼きでまったく印象が変わります。

杏　この写真集は世界各地で撮っているんですか？

大倉　日本も世界もかなりまわっています。欧米各国から南米、シドニーもありますね。それだけたくさんの写真を撮っているんですが、この本では写真を無原則でシャッフルしてあるんです。大阪のあといきなり欧米にとんでいたり、場所は関係ないんだという開き直りを感じます。

杏　でも場所がちがってトーンがここまで一緒というのがすごいというか。

大倉　それはおそらく、彼の写真を撮る目が一切変わっていないということでしょうね。よく、ある場所に行くとちょっと珍しいものに惑わされて、余計なものにシャッターを切るようなことってありませんか。彼は一切ブレていない。この本の中で彼は「真っ昼間の、何でもない、さりげないという表現をしてもいい街の光景だって、とても禍々しく見えたりする」と言うんです。しかもこの「凶区」という、ある意味では非常に乱暴な言葉を、彼は70年代から現在に至るまで、ずっと使い続けている。このように常にものを見ているんですね。

杏　視点が違うと世界はこんなに違うのかなと思いますね。森山大道さんが撮ることで、まったく違う空間になってしまうのが不思議です。

大倉　そうですね。彼の写真は乱暴といえば乱暴。フレームを見ずにシャッターを切ってしまうような人ですから。杏ちゃん、好きな写真家はどういう方ですか？

杏　やっぱり、この瞬間を切り取れるんだという方はすごく面白いなと思います。ファッションでもたくさんあるけれど、最近見て面白かったのは梅佳代さん。パラッと開いただけで笑い声が出た写真集は彼女がはじめてです。

大倉　梅佳代さんいいですね。子どもの表情とか、非常にうまいよね。撮れないですよ。梅佳代さんが写真賞を受賞したときに、賞をくれるプレゼンターが篠山紀信さんだったらしいんですが、梅佳代さんは篠山さんをずっと撮りまくっていたらしいんですよ。杏ちゃん、梅佳代さんに撮ってもらいたいですか？

杏　そうですね。ロケ場所がごはん屋さんだったりしそうですよね。

大倉　海外のちょっと古手のアーヴィング・ペンという写真家がいますが、この人の写真は息ができなくなるくらい、きますね。見ていると呼吸を忘れちゃうんですよ。

杏　森山さんもそうですけれども、モノクロの力ってすごいですよね。最近見て好きだったのは、ロベール・ドアノーとか、エリオット・アーウィットでした。

大倉　モノクロ写真は心にぐっと入ってきてしまいますね。

杏　私はエイトバイテン（大判カメラ用フィルム）で撮ったりするとあがります。フィルムを入れたら蛇腹のレンズが出て、布をかぶってシャッターを押す。面白いです。

大倉　さすが、モデルの心意気を聞いたような気がしますね。

（2009.6.13 OA）

# 骨はなんでも知っている

『骨が語る日本史』鈴木尚　学生社

杏　今回は、骨について語ったというか、骨が語っている本を紹介したいと思います。生前は東京大学名誉教授もされていた、鈴木尚さんの『骨が語る日本史』です。さまざまなところから出てくる骨を読み解いて、歴史の背景を見ていこうという、ちょっと難しくて、ちょっとお高めの学術書です。

大倉　骨の何が面白かったんですか。

杏　まず、江戸時代と戦国時代のお墓から発掘された骨に肉づけをして、そこから、病気や体つき、骨格を検証したという部分に惹かれました。原始時代の話から始まって、ものすごい難しい本なんじゃないかと思ったのですが、へー、ほーと思える部分がたくさんありました。骸骨を見慣れてくる本です。

大倉　原始時代、たとえば何がそんなに面白いんでしょうか。

杏　上洞人という、中国の原始人なんですが、発掘された人骨から復元された彼らの平均身長が現代のわれわれよりも上回っているんです。男性で１７４センチ、女性で１５９センチ。江戸時代までの日本人の背が低かったのは、やはり当時草食中心だったからなのかなとも思いました。明治時代になってから肉を食べるようになって、年々身長が伸びているのではないかなと。

杏　杏ちゃんみたいになっちゃったと。

大倉　そうですね（笑）。この上洞人の男性の平均身長と同じ私みたいに。もっと大きい人もたくさんいたんでしょうね。

杏　そうですね、僕とか杏ちゃんぐらいのが、そこら中にいたってことですもんね。

大倉　はい。それからちょっと興味深いのが、伊達政宗から3代の孫まで、３人のお墓を初めて昭和の時代に開けたところ、いろいろな服飾品や骨格も全部出てきたので、それに、肉づけをした写真が載っているんです。意外にハンサムでございました。

杏　似てますよね、この３人。

大倉　ほとんど兄弟みたいな顔してますね。

杏　３つ並んでいると、三つ子かと思ってしまうぐらい。仙台の彼らのお墓の横にある資料館に実物が展示してあります。

大倉　警察でもやりますよね。

杏　そうですよね。それから、政宗から順々に追っていくと、少し顔が細長くなってい

大倉　るんです。それはやはり、太平の世になってからあまり運動をせず、合戦もない時代ですし、3代の綱宗までいくと硬いものをあまり食べなくなってくる。

杏　柔になってくるわけですね。

大倉　平たく言うとそうです。それは伊達家に限らず、公家や徳川家の墓なんかも発掘しているんですが、皆さんやっぱり、ものすごく顔が長いんです。一般の庶民と歴然とした骨格の差があったようで、難しいけど興味深いです。

杏　なるほど。『ウォーリー』という映画があるんですが、未来の話なんです。宇宙に住んでいるだめだめ人間が、何でもかんでも代わりに機械に全部やってもらっていたけど、最後にはやっと反省するという。その未来の人たちはみんな太っていました。骨は脆くなっているかどうか、わからないですけどね。宇宙飛行士の毛利衛さんが、宇宙に長くいると骨がすごく弱くなるということをおっしゃってましたね。

大倉　やっぱり重力と毎日戦っていないとだめだと。

杏　そう。やっぱり地に足をつけて、地球の引力にぐいぐい引っ張られながら歩いてなきゃだめなんですね。

大倉　それで訓練などしなければいけないんですよね。これから人間が宇宙に行くにあたって、大きな課題ですね。

（2009.7.25 OA）

## COLUMN　趣味は読書?　BY ANNE

趣味は?と聞かれて答える選択肢の筆頭に「読書」があることを、不思議に思う。

　読書って生活に根付いた身近なものでもあるし、もっとこう、スポーツとか楽器とか、特殊なものの方が「それっぽい」感じがするのだ。

　それに、「趣味」とまで言うのならば、かなり読み込んでいないといけないような気もする。「読書」は楽しみでもあるけれど娯楽とも言いきれないし、読んでいて辛い、哀しい気持ちになることもある。でも、読みたいという欲求は確かにある。読まなければとも思う。

読書って何?

　私の場合、今はこうして番組もやらせていただいて、読書は仕事の一部にもなっている。そうなると、ある一定の量、ジャンルの幅などを考えながら本を手に取ることになる。この仕事をやっていなければ手に取らなかった本も沢山ある。

　本来、本と向き合うということは、自分と本という、とっても閉ざされた内向きで個人的な関係性だ(だから人に本棚を見られるのって、たとえやましいことがなかったとしてもちょっと恥ずかしいのだと思う)。それが仕事に直結するようになって、「自分の選書」が以前よりずっと客観性を帯びて行われるようになった。そうでなければ同じ作家ばかり、同じジャンルばかり、好きなものに偏って読んでいたと思う。「今も割とそうじゃん」と突っ込まれそうだが、これでもばらけるように調整はしているつもりだ。

　そうなると更に、

読書って何?

という疑問に答えづらくなってくる。

本が好き。

それくらいの軽さが良いのかなぁ。

## 老若男女に愛される、火を噴く作家

『生きてるだけで、愛。』本谷有希子　新潮社

大倉　今回の本は、大変若くて才能のある人で、会ってもいないのに、すごく好きになってしまった作家、本谷有希子さんの『生きてるだけで、愛。』です。

杏　『腑抜けども、悲しみの愛を見せろ』の方ですよね。映画、とても面白かったです。DVDも買っちゃいました。

大倉　僕まだ見てないんですよ。

杏　本谷さんご本人もすごく美人というか、魅力的な女性ですよね。

大倉　僕はある新聞のインタビュー記事を読んだんですが、モノクロの小さな写真で顔がよくわからなかったんですよ。でもその受け答えがすごくよくて。こんな抽象的な言い方じゃわからないと思うんですが、ちょっと突き放しながらも、丁寧という感じでですね。周りの人に聞いてみると、どうもおじさんはみんなやられちゃってるらしいんですね、ころっと。

杏　メロメロですね。

大倉　「かー、まいった」って（笑）。すぐまいっちゃうらしいんですよ。

杏　独特のブラックユーモアみたいな部分もありながら、がーっと引き込んでいくみたいなところが作品の中にもありました。

大倉　最近、日常を淡々と描いて、それでいいじゃないか、こんなふうにも生きていけるじゃないかという小説も多いですよね。でも本谷さんは、一人だけ火を噴いてるような作家という感じがするんですよ。人の持っているドロドロした虚栄心や欲望などを隠さずに、それに対して苦しんだりもがいたり。そうしながらもニヒリズムには完全に落ちていかないで、もうどんな手段を使ってでも、自分はこれを乗り越えていくんだみたいな、そういう感じ。

杏　何か強烈な起承転結というか。

大倉　うん。それに圧倒されました。30ですよ、この人。

杏　79年生まれ。すごい。

大倉　僕もすっかりメロメロになったこの本ですが、ちょっとだけ内容を紹介しておくとですね。何となくかったるかったから体中の毛を全部剃ってしまった、という少女が主人公なんです。ある男性と同棲をしながら、鬱になって、寝たきりになるけれども、バイトもして……というような話なんです。もともと本谷さんは、高校を卒業してから演劇を学びに東京に出てきてるんですね。そのあとに女優、声優をやって、それから劇作家になっている。そのうちに小説をすごい勢いで書き始めて。僕も随分作品を読みました。

杏　これ、もし映像化するとしたら、女優さんは毛を剃らなければいけないんですね。髪の毛も眉毛も全部剃っちゃうんですよね。

大倉　そうそう。杏ちゃんどうですか。

杏　はい、オファーがきたら頑張ります（笑）。『腑抜けども～』でも壮絶だったんですけど、この方の描かれる女性同士のバチバチは男性から見たらどうですか。

大倉　いや、もう近寄れないですよね。

杏　もう髪つかんで引きずり回したりと、なかなか人前ではしないぐらいのところまでさらけ出すような女同士の戦いを描いてますよね。

大倉　「まあまあ」なんて割って入ろうもんなら、もう膝蹴りをくらいそうな感じがします。この中でも男性は出てくるんですが、いてもいなくても同じようなやつというふうに書かれてますね。

杏　大倉さんはそんなバチバチの中に割って入った経験は。

大倉　そんな経験はないですね。

杏　目の前で繰り広げられているときは？

大倉　そういうときは逃げますね。いろいろありますからね。けんかも大いに自分たちでやって、自分たちで解決してくださいという……。

杏　でもぶつからないよりは、ぶつかったほうが後々いいような気もしますね。

大倉　残念ながら賞は取りませんでしたが、この本は芥川賞の候補にもなりました。本谷さんは、今年も芥川賞にノミネートされているんですよね。今度は間違いないと思ったんだけどなぁ。岸田國士戯曲賞や、鶴屋南北戯曲賞などは既に取っています。

杏　でも、作品がよければいいと思います。そしてそれを愛する読者がいれば。

大倉　そうだね。本当にたくさんの方が愛しています。杏ちゃんも今日は僕の担当なのにがんがん紹介していましたしね。そのくらい若い方からお年寄りまで、ころころ転がしていくのが本谷有希子さんの魅力ですね。

杏　ぜひお会いしてみたいですね。

大倉　会ってみたいですね。

杏　本谷さん、今度ＢＯＯＫ　ＢＡＲにもいらしてください。

（2009.8.8 OA）

◆本谷さんにはその後『ぬるい毒』を出版されたときに来ていただきました。メロメロ。２０１５年に『異類婚姻譚』で芥川賞を受賞されました。で、大倉は9時間特番でもご一緒して、ずいぶんいじめられました。喜びを感じました（大倉）。

## 大河にピッタリ！　幕末に活躍した男装の麗人

『アラミスと呼ばれた女』宇江佐真理　講談社文庫

杏　今回は、「いつか大河ドラマで映像化してほしい時代小説」というテーマで、宇江佐真理さんの書かれた『アラミスと呼ばれた女』をご紹介します。

大倉　大河ドラマなのに、いきなりアラミスですか。

杏　はい、横文字です。大河ドラマといえば、地方都市との提携が有名ですが、この作品でもまずたくさんの都市が絡みます。一つではなく、いくつか絡むところがポイントです。最初は長崎から始まる、幕府側の話なんです。ですから戊辰戦争とともに江戸に行ったり、それから函館を目指して北上するんですが、幕府方にはフランス軍がつくので、フランスとも提携しちゃうっていうのはどうかなと。

大倉　観光立国の国ですからね、フランス。

杏　はい。そして肝心のストーリー。お柳という女性が主人公なのですが、お父様は通詞、今で言う通訳ですね。通訳の仕事をされていたんですが、海外の文化といろいろ接触しているということで、不逞のやからめ！と斬られてしまうんです。

大倉　通訳するだけでね。

杏　そうなんです。当時はそれだけ海外の文化というだけで、排除しなければならないという思想の方もたくさんいらっしゃったので。そして海軍のお勉強をしに、のちの榎本武揚で、昔は釜次郎と呼ばれていたんですが、その釜次郎が長崎に訪ねてきて、そこでお柳と出会います。そのあとも、釜次郎はオランダに留学しに行ったり、お柳はお父様が亡くなったので、故郷の江戸に帰ったり。そのあとに再会を果たして、通訳をしてくれということになって、フランス軍との通訳に抜擢されるんです。

大倉　それにちょっと恋物語も混じるんですすか。

杏　混じります。そこもポイントなんです。そしてお柳は男装の麗人のような服装をします。

大倉　なぜ男装を。

杏　やっぱり通訳は男性じゃないといけないからじゃないでしょうか。私はこの本を、最初単行本で読んでいて、架空の女性の話だと思っていたんです。でも今回文庫を改めて読んで、実際にいたかもしれないということがあとがきに書かれていて。聞き書きで有名な子母澤寛という人が書いた本『ふところ手帖』に、男装をした女性の通詞がいたという記述があったらしいです。幕末、たくさんの人が絡んで、たく

大倉　さんの文化が入り混じる。そんな長崎は洋風と和風が交錯する不思議な世界になると思うので、その辺りもぜひ映像化していただきたいなと思います。

杏　このアラミス、ご自身でやってみたいでしょう。

大倉　これはぜひやってみたいです。

杏　じゃあフランス語頑張ってください。Rの発音難しいですよ。

大倉　頑張ります（笑）。

（2009.8.29 OA）

## 読んでいなかったのは犯罪級！　圧巻のストーリー

『幻影の書』ポール・オースター　新潮社

大倉　今回は、ポール・オースターの『幻影の書』です。僕ははじめて読んだんですが、アメリカの大人気作家です。『幻影の書』というタイトルを聞くと哲学的なややこしい本なのかなって感じがしませんか。

杏　深い世界の話なのかなと思いますね。

大倉　ところが非常に読みやすい。翻訳ものは、いろんな人の名前が出てきたりするとそれだけで読みにくいとか、訳がうまく頭に入ってこないとか、ものの考え方がそもそも違って「なんだかよくわからない」となりがちですが、この本はどんどん頭に入ってくるんです。重たい本ではありますが、一語一語大事に扱われていて、決して難しい言葉を使っていない。主人公の大学教授が、ある日事故で奥さまと子どもを一挙に失ってしまいます。そこからアルコール漬けになってひどい有様に陥ってしまうんですが、ある日テレビをぼーっと見ていると、サイレント映画に喜劇役者が出てきて、なんとなく気になっていた。そうしたら、サイレントからトーキーに変わったときに彼がいなくなっちゃったんです。どこにいったかさっぱりわからない。そこで彼は、とにかくあらゆるサイレント映画を何度も見て分析して、それを一冊の本にまとめあげます。それを立ち直るきっかけにして、彼はようやく外に出られるようになるんです。そうしたら、その消えた喜劇役者の妻から、ぜひ会いたいと連絡がくる。そこから物語が展開していくんです。

杏　その後の予想がつかないですね。

大倉　ここからは内容を説明しない方がいいと思うんですが、非常に複雑というか、重層的な構造になっていて、主人公の物語、喜劇役者の物語、喜劇役者が撮った映画の物語が、入れ子の構造になっている。物語の展開がこんなに複雑なのに、読みやすい。ポール・オースターは物語をつくることがものすごくうまいんです。これは、作家としての資質ですよね。現在の生存中のアメリカ人作家の中では、圧倒的な人気を博しています。知らなかったことが犯罪に近いなと思いました。

杏　この本は、読んだあとスッキリするんでしょうか？

大倉　あのですね……家族も亡くされているし、基本的には非常に悲しい物語なんですね。最後ほんの少しの救いの手はさしのべられるんですが、しばらくは立ち直れないくらいに、大きな穴が胸にぽっかりあいてしまったような喪失感が残ります。ある意味村上春樹に近いといえば近い。全然ちがうと思われる方もいるかもしれませんが、僕はそんな風に感じました。

杏　そんな複雑な世界観を原作に忠実に翻訳するのは、すごく難しいでしょうね。

大倉　本当に翻訳者で変わりますね。ポール・オースターの作品はほとんど柴田元幸さんが訳されていて、これもそうです。原書を読んでいないから想像ですが、たぶん別の方の訳だったらこうは読めないいんじゃないかという気がします。どこまで作者が伝えたいことをうまく日本語に置き換えられるか。考え方って基本的には伝わらないわけじゃないですか。そこをどれだけ近寄せられるかですよね。

杏　最近は名作の新訳もたくさん出てますよね。昔は、セオリーどおりに訳したいがために、一言で済むところを長く書いたりして、伝わりづらくなってしまっている作品もあったと雑誌で読みました。

大倉　日本語のセオリーに則ると、関係代名詞があったら、後ろから訳していくのが満点の答えじゃないですか。でも英語って頭からしゃべって、関係代名詞があって続いていく。だから、流れとしては頭からの気分で訳していってもらいたいけど、セオリーどおりだと後ろからになっちゃう。そこをどう解決していくかは技量の問題ですよね。訳ひとつ、一言選ぶのに相当考えていらっしゃるのだと思います。

（2009.9.12 OA）

## 歴史上の有名人に会いまくりの世界一周

### 『ある明治女性の世界一周日記　日本初の海外団体旅行』野村みち　神奈川新聞社

杏　今回ご紹介するのは、明治時代、日本で初めての海外団体旅行の体験者が書いた本、野村みちさんの『ある明治女性の世界一周日記』です。明治41年、１９０８年だから、今から１００年以上前ですね。日本で初の世界一周旅行なんです。

大倉　ほとんど船になるんですか、このときは。

杏　航路としては横浜発のハワイから入って、アメリカを回って、ヨーロッパに行って。で、ヨーロッパからロシアや中国を経て帰ってくるんですが、後半の大陸は鉄道での移動になるんです。これは女性が書いたという点が少し変わっているんですが、メンバーは56人で全員日本人。民間団体旅行といいつつ、諸外国との民間人同士の交流が必要になってくるだろうという国の意図もあったので、さまざまな年齢のさまざまな職種の方が集まっていました。

大倉　じゃあみんな知っている者同士で組んだわけじゃないの。

杏　そうではないようです。定員をオーバーしてしまったため、バランスを見て選ばれた方々が参加したそうです。特に欧米の文化だと女性が一緒にパーティなんかに出る場合もあるし、女性の視点も必要とのことで、女性が3名同行したんです。

大倉　56人のうち3名？　それもちょっと気持ち悪いね。

杏　そうですね（笑）。この本を書かれた野村みちさんという方は、サムライ商会のメンバーなんですね。サムライ商会っていうのは、横浜にある輸入品を扱うお店なんですけれども、イメージとしては表参道にあるオリエンタルバザーのような。

大倉　昔からありますね。

杏　あれに近い、海外の方向けに日本のものを売るというお仕事をされている中で、海外を見に行くことに。旅行に行ったのは、サムライ商会からはみちさんだけだったんですけれども。ちなみに戦後はだんな様と2人で横浜の民間外交官としてホテルニューグランドにもかかわって、マッカーサーが来たときに最初に会った民間人だそうで、本当に多岐にわたって活動されていた方なんですね。

大倉　すんごい人だねえ。それに、だんなも大したもんだね。3カ月以上、女房に行ってこいよって言えるだんなさん、今でもなかなかいないんじゃないの。

杏　とても懐が深いですよね。当時の旅は今生の別れを覚悟して水杯を交わすぐらいに、無事に戻ってこられるかわからないものでしたしね。みちさんは東洋英和女学校に通ってらっしゃって、英語が堪能な才女だったので、非常に冷静かつ分析的な視点から見ているのがとても新鮮でした。

大倉　では、その場所場所で積極的に交流をされてるんですか。

杏　特にアメリカでは英語が通じることもあって現地の方や、現地駐在の日本人の方とも交流していました。１００年以上前の世界一周旅行ということで、１９０８年当時の日本人の視点から見た世界の情勢が淡々と描かれています。今から見ると、もちろん歴史なんですけれども、当時は現代だったわけで、おおっと思う記述がたくさんあるんです。例えばボストン美術館に行ったら、何とモースが偶然いた。大森貝塚を発見した、あのモースです。美術館にいたら、いたと。ホワイトハウスにも行ってルーズベルト大統領に謁見していたり。

大倉　ホワイトハウスに行けちゃったりするわけ？

杏　国の外交的な要素もあったんですね。でも日本からは全くそういった感じで行っていないので、アメリカへ行って国の長に会えたとは！という驚きは彼女たちにもあったようです。ロンドンでは万博で作られた水晶宮、クリスタルパレスに行っていて。１８００年代に作られたガラスの建物なんですけれども、１９３６年に燃えて今はもうないものが当時はあった。見てみたかったなあと思います。

大倉　もう一度作ろうと思うと大変なことになっちゃいますよね。

杏　ぜひ復元してほしいですね。また驚いたのが、パリに行ったときのことなんです。バイオリニストの方がいらして、それが音楽家のサラサーテだったんです！

大倉　道端で会ったわけじゃないよね（笑）。

杏　ちょうどイタリアから来てコンサートをやっているから聞きに行きましょうということだったらしいです。サラサーテっていつの人だろうと思って調べてみたら、1908年の5月にバイオリンコンサートを開いてるんですね。その4カ月後の9月にお亡くなりになってるんです、サラサーテが。

大倉　それはすごいタイミングで会えたもんですね。

杏　ちょっと驚きの連続で。つらつらっと並べるだけでも、あの人があの人がって指折り数えちゃうような、そんな出会いがたくさんです。

大倉　写真はあんまり撮られてないんですかね。

杏　記念写真のようなものは、いわゆる団体旅行の集合写真はあります。あとは当時の鉄道なんかも気になりますよね。馬車とか、街並みとかも。それに、ヨーロッパは当時からあまり変わらない建物も多そうですよね。

大倉　外観はほとんど変わっていないですね。

杏　実際に行ったことのある地名なんかが載っていたりすると、おっ！と思います。

（2009.12.12 OA）

## どこかにあるかもしれない、人間と恐竜が共存する王国

『ダイノトピア　恐竜国漂流記』ジェームス・ガーニー　フレーベル館

杏　今回はちょっと大人向けでもあるのではないかという絵本です。ジェームス・ガーニーという方の『ダイノトピア　恐竜国漂流記』。日本語版は92年に出ていて、私はなぜか初版本を持っています。そしてこの絵本は、意外と文字が多いんです。

大倉　本当だ、文字がものすごく多いし、絵がふんだんにあってリアルですね。

杏　ルビも全部ふってあるわけではなくて、すらすらと読めるのは、小学校高学年くらいなのではないかと思うんですが。92年当時、私は年長さんくらいでしたので、読み聞かせしてもらっていたのかもしれません。

大倉　これは、絵を見ているだけでも全然ＯＫだね。

杏　「ダイノトピア」とは恐竜の王国で、不思議なのが恐竜と人間が共存しているところなんです。具体的な社会のシステムなんかも描いていて、ストーリー仕立てというよりは、レポートなんです。時は１８６０年からはじまって、日本では幕末、明

治になろうかというくらいの時代ですね。ある大学の図書館で、この本を書いた人がレポートを発見するというところからはじまるんです。〝うそか本当かはわからないけれども、私はこのレポートを紹介するだけにとどめておきます〟という感じで紹介されていて。こんな国があるかもしれないなと今読んでいても思えるんですね。

杏　ダイノトピアではみんな平和に暮らしてるんですか？

大倉　荒くれ者なんかもいますが、概ね平和に共存しています。人間の言葉を完全に理解する種族もいるし、恐竜語を理解する人間もいる。

杏　ティラノザウルスに人間が「息深くして、平和を求めよ」と諭していますね。ティラノザウルスを説得できたらすごいよね。

大倉　取引なんかもあるみたいですよ。恐竜以外にもイルカだったり、マンモスだったり、古代ほ乳類なんかもいるんですよ。あとは、恐竜専用の椅子なんかもあったりして。ベンチのような状態で、どうやって座るかというと、足が疲れないようにおなかをのせて話をしたりするらしいんですよ。

杏　妙なところでリアルですね。

大倉　他にも、恐竜国家の独自のアルファベットの一覧が載っていたり、楽譜付きで国歌が3番まで載っていたり。

大倉　ダイノトピアの市民として、恐竜も人間も暮らしているんですね。

杏　そうですね。この絵本、調べてみると、２００２年にアメリカのスペシャルドラマとして映像化されているらしいんです。「プリズン・ブレイク」の主役をつとめたウェントワース・ミラーが主演していて、彼は投獄される前は恐竜国にいたようです。

大倉　それはぜひ見たいね。恐竜には会ったことは？

杏　うーん、骨なら。

大倉　自然史博物館ってニューヨーク、ワシントンD.C.、ロンドンなどにもありますが、子どもが小さいうちはよく連れていきますよね。

杏　私も小学校の頃にワシントンD.C.のスミソニアン博物館に行って、大きさにびっくりしました。ニューヨークの自然史博物館を舞台にした映画『ナイト ミュージアム』もすごくワクワクしました。

大倉　私もその映画、大笑いしました。恐竜っていうのは僕はずっと会えないと思ってたんですよ。でもすごく好きなの。百科事典でジュラ紀とか、白亜紀のページだけ何度も繰り返し見ていたんですよ。でも絶対に見ることはできないだろうな、会うことはないだろうなと思っていたから、映画『ジュラシック・パーク』で会えたときは大感動でしたよ。

杏　あれはショックでしたね。『ダイノトピア』と同時期くらいだと思うのですが、6歳の頃に『ジュラシック・パーク』を家族で見に行って。最初は感動したんですけれども、小さくて恐ろしい、ギャングみたいな恐竜たちがキッチンにくるシーンなんかはちょっと泣きそうでした。

大倉　僕は最初っから最後まで感動しっぱなしでした。ずっと昔にはコナン・ドイルの書いた『失われた世界』という小説がありました。舞台は南米ギアナ高地と思われるのですが、断崖絶壁の何千メートルというところの上に恐竜がまったくそのまま生きているという世界を描いている。映画化もされていて、古いですがそちらも名作です。

杏　『ダイノトピア』に、〝地球というアパートの、人間の前の住人は恐竜だった。恐竜は1億5千万年もこのアパートにいた。よっぽど大家である地球と相性がよかったんでしょう〟と書いてあって。ちょっと考えさせられます。

大倉　ぜひともそういう島を作ってほしいですね。『ジュラシック・パーク』のような。

杏　ダイノトピアでは翼をもった翼竜に乗るというイベントがあるそうです。

大倉　それ、絶対乗りたい！

（2009.12.19 OA）

# 中身は何も言えない「小説好きの方のための小説」

『わたしを離さないで』カズオ・イシグロ　早川書房

大倉　これまで紹介した本の中でも、特に紹介しにくい本を持ってまいりました。中身については一切言えないという、『わたしを離さないで』。"Never Let Me Go" という原題で、2005年に英語で出版され、世界中で大ベストセラーになりました。著者は元日本国籍のカズオ・イシグロさん。5歳まで長崎にいて、両親と一緒にイギリスに渡って、今はもう英国籍を取ってらっしゃる方です。日本語はもう、ほとんどお話しにならない。著作もすべて英語で書かれています。まず言っておきましょう。この本は「小説好きの方のための小説」です。同世代の女性に「この本読んだほうがいいよ、ちょっと泣いた」と紹介されて読みました。先日も、アートパフォーマンスで知り合ったイギリス人の女性が、もうわんわん泣きながら読んだって。ちなみに僕は泣きませんでした。泣きませんでしたが、心が荒野になったような、あまりの空虚感の中に、ぽんと置かれたような、そんな気分になる本ですね。

杏　その女性が流した涙っていうのは、どんな種類の涙なんでしょう？

大倉　多分、彼女は、この本を具体的にとらえたんじゃないかなと思うんですよ。内容を説明していないから、具体的って言われてもわかんないと思うんですが。

杏　自己投影したということですか？

大倉　そう。そういうところがあったんじゃないかと思うんですよ。あまりにも、押しつぶされそうになる気持ちを、涙で溶かしていったような……。僕は、この小説の主人公とは違って男であるということと、小説をメタファーとして受け取ったから、泣かなくて済んだっていうところがあるような気がします。解説は翻訳家の柴田元幸さんなのですが、通常は漠然とした言い方で称賛したあとに、具体的に述べるのが解説の常だけれども、この作品の場合は、それは避けたいと書いているんですよ。解説ですら、全然中身に触れていない。

杏　それは、書いたらもう全部最後まで説明しないといけないような感じですか？

大倉　そういう本でもないんですが、カズオ・イシグロは非常に文体が静かで、静謐な作品が多い。だから人によって受け止め方はいくらでも変わってくるのではないかと思います。彼は『日の名残り』という作品でイギリスのブッカー賞を取ったんですが、それも静かな小説でした。

杏　特別難しい言葉を使っていたりするわけではないんですか。

大倉　使っていませんね。

杏　以前、藤原正彦さんが本の中で、読書とは運動である、だから反復練習をしていると、どんどん読む力も上がってくるというようなことをおっしゃっていましたが、読む力というか、基礎体力は必要だという感じでしょうか。

大倉　そうですね。この本でちょっと鍛えてもらえればいいなと思います。ところで、この本は、こんな読書体験はほかのどこにもないと帯で言い切っているぐらい変わった本なんです。最近、小説という形態が何となく変わりつつあるなという印象があるんですよ。ミステリーやファンタジーといったジャンルが全部取り払われてしまって、どんな小説家でもいろんなことが書けるというか。

杏　きっぱりとカテゴライズがしづらいですよね。

大倉　はい。ですから、新しい変化があるのかなと思うと、よく考えてみたら、みんな似たような本を書いてるとも言える気がします。昔、日本では、私小説が主流だったんですよね。自分のことを、これだけ俺は情けないことをやっちゃったぜ、というような。

杏　自伝みたいな？

大倉　そうそう。太宰治にしろ、坂口安吾にしろ、檀一雄にしろ、みんな私小説を書きました。ところが、私小説はもうほとんどなくなってしまいましたよね。ジャンルじゃなくて、こんな本もあって、こんな本もあって……といういろいろな面白さがあったはずなのに、今は逆に結局ジャンルがなくなったせいで、「うまいね、こんなアプローチもあるね」っていう評価の仕方になっちゃったような感じもしているんですけど、どう思います？

**杏** でも、だからこそ、ＢＯＯＫ ＢＡＲがあるのかもしれませんね。一冊、一冊を取り上げていく、そういう番組です。

**大倉** 断言がいいですね（笑）。おっしゃる通りです。

**杏** この本は、そんな読書界に一石を投じるようなものなのですか？

**大倉** そうですね。これは、日本でそんなに売れたっていう話は聞いてなくて。小説好きならば、ぜひ読んでほしいです。

**杏** 読書が好きな方に。でも、やっぱり内容については……。

**大倉** 触れられない。出せて登場人物の名前ぐらいですね。謎かけのようになっていますが、さて、誰が読むでしょう（笑）。

（2010.4.3 OA）

◆２０１０年に紹介した本ですが、その後映画化されて、日本でもドラマ化され、たくさんの人が知っている物語になりました（大倉）。

## 戦国好きにはたまらない、有名武将の新たな一面！

『伊達政宗の手紙』佐藤憲一　洋泉社MC新書

杏　今日はいつものように時代ものを持ってきました。戦国時代に対するイメージが変わる本です。題名は『伊達政宗の手紙』、著者は佐藤憲一さんです。

大倉　伊達政宗といえば、杏ちゃん。

杏　はい、大河ドラマの「天地人」で、伊達政宗の正室、愛姫（めごひめ）を演じさせていただきました。

大倉　これ、可愛いという意味の「めんこい」からきているみたいですね。

杏　ある新聞で、「杏、あご姫を演じる」と間違われていてショックでしたね（笑）。大倉さんは、伊達政宗のイメージってどうですか？

大倉　あんまりイメージはないなあ、仙台の人？

杏　実は、もともとは山形の人なんです。領地が替わって仙台になり、最後は完全に仙台の人となりました。伊達政宗は、20年遅く生まれてきた英雄と言われます。70年の生涯の半々を戦国時代と江戸時代とにまたがって過ごしました。戦国時代に覇者の争いに参加するには若すぎたけれども、破天荒なエピソードや、強い個性により、現在に至るまで広く人気があります。彼はやんちゃだったり、型破りだったりと、いわゆる戦国武将というイメージが強いかと思うんですが、実は誰よりも手紙を残した人なんです。

杏　みんな自分で書いたんですか？

大倉　はい、その数、優に千通。当時は右筆（ゆうひつ）という書記のような役割の人がいたんです。多くの武士は口述筆記で手紙を書いたので、書きあがったものをチェックして出すのが主流でした。しかし、伊達政宗は自筆だけでも千何百通、右筆の手紙も含めると何千通にもなるくらい、手紙を書いた人なんです。当時、密書などは読んだ時点でびりびり破いたり燃やしたりと処分します。残っている手紙だけでこんなにあるのは政宗だけです。息子に注意する手紙なども残っていて、それも「手紙は自分で書け、たとえ下手でも書くのが一番の練習なんだから。ちなみにこの手紙の返事も自分で書きなさい」というような。すごく家族思いなところだったり、家来に対する愛情だったり、ユーモアがあふれている部分だったりが浮き彫りになっています。

杏　要は筆まめに、大丈夫か、うまくやっているか？みたいなことを書くんですか。

大倉　はい。普通の武将だったら手紙を書かないような、たとえば家臣の一人にあてて手

大倉　紙を書いたりもします。もらった方は殿さまから手紙をもらったと家宝にしているんですね。当時から掛け軸にされていたぐらい達筆で、書に長けていました。

杏　本に載っている写真を見ると、大変達筆に見えます。つまりまったく読めません。解説されるとちょっと読めます！　男性とか公に対しては漢字なんですが、女性に対してはかな文字で、最後にサインをするのも「まさ」とひらがなで書くんです。伊達政宗が自分でそう言っているんだと思うと、武将のイメージも、政宗に対するイメージも変わりませんか。

大倉　見ると、どれもそんなに長い手紙でもないよね。

杏　そうなんです。短いものの中にも愛情を感じます。娘から〝飲みすぎたみたいだけど大丈夫ですか〟という手紙がきて、「身をすてさけ（酒）のみ申し候て」と書いて。彼はお酒が大好きで、「二日酔いになりながらも、心ふらふらしております」とかいって。そのときの手紙が写真で紹介してあって、よく読めないのですが、筆の走りも二日酔いっぽい様子でした。

大倉　政宗好きは必読の書ですね。

杏　戦国好きにもぜひ。

（2010.4.17 OA）

## あなたの知らない東京の別の顔

### 『ワシントンハイツ　ＧＨＱが東京に刻んだ戦後』秋尾沙戸子　新潮社

杏　今回は、『ワシントンハイツ　ＧＨＱが東京に刻んだ戦後』という秋尾沙戸子さんのルポルタージュです。ワシントンハイツとは、戦後、代々木にあった施設を指します。この本は、Ｊ-ＷＡＶＥがあるこの六本木だったりとか、渋谷、代々木、青山など、現在、若者に人気の地区が、昔どういう街だったのか、戦後の占領下にどのような経緯を経て今があるのかということを中心に、いろいろな東京、日本の姿を見られるようなものでした。

大倉　きっかけはそのワシントンハイツだったということなんですか。

杏　そうなんです。今、代々木公園がある場所は、もともと東京オリンピックのときにいろいろな施設が建てられて、今に至るんですけれども。戦前、戦中は代々木練兵場という軍隊の訓練のための場所でした。

大倉　練兵場だったの。東京のことあんま知らないんだよね。

杏　戦後、占領下で家族連れの米軍将校たちが住めるようにと、８００戸ぐらいずらーっと真っ白な家が芝生の上に突如現れます。空襲やなんかでもうしっちゃかめっちゃかだった東京の街に、いきなりきらびやかなアメリカがどんと来たっていう。

大倉　そうか、１軒１軒が広かったんだろうね。

杏　すごい広かったのと、あと暖房が充実していて、中を見た日本人の方は、冬なのにみんな半袖で室内で過ごしているということにすごく驚いたみたいです。この本を見ていると、もう知られざる事実がばんばん出てくるんですよ。例えば、にぎわっているとこだと銀座。銀座は戦後、リトルアメリカ状態だったらしいんですね。

大倉　ＧＨＱの本部が銀座の近くですよね、もともとね。

杏　はい。で、そういうわけで晴海通りなんかXアベニューと呼ばれていたり、AからZまでのアルファベットを振られたアベニューが東京には存在したり。あとストリートも1から60までの番号を振られたり。そして銀座４丁目の交差点は、タイムズスクエア。銀座通りはブロードウェイって呼ばれていたそうです。

大倉　何でもかんでもアメリカに従ったわけね。

杏　ニューヨークだったんだみたいな。

大倉　ワシントンD.C.の道路はやっぱりCストリート、Dストリートとかいうふうな名前が今でもついていますから、もろにその名前を持ってきたんですね。ワシントン

杏　とニューヨークをごっちゃにしたような、そんな感じだね。

大倉　例えば青山で紀ノ国屋という大きなスーパーがあったり、ファッションブティックが並んでいたりする現状も、実はＧＨＱの占領下の名残らしいんです。

杏　そこが彼らの買い物をする場所っていう、そんな位置づけだったのかな。

大倉　お土産屋さんとか今でもありますけれども、キデイランドもそうだったし、あと表参道交差点の本屋さんはずっと昔からあったみたいです。

杏　今でもオリエンタルバザーなんかは、いわゆる外国人の観光客向けですよね。

大倉　当時はやっぱりそのために作られたりとか。紀ノ国屋も米軍に新しい野菜を供給することを目的として作られたスーパーだそうです。生野菜を食べる習慣があんまり日本にはなくて、フレッシュな野菜を売っている場所がない。だから生野菜を売るようにという指令を受けて作られた。

杏　なるほどね。読んでみて、ここが一番驚いたという、そんなところはありますか。

大倉　六本木も、例えば国立新美術館とか、東京ミッドタウンとか、いろんな広大な場所がありますが、もともと陸軍の場所で、そのあと米軍に接収されている時期もあったり、例えば星条旗通りは名前が残っていたり。生まれてこの方ずっと東京にいたのに、こんなに知らない面がこれだけあったのかっていうのに驚きました。

杏　そう言われてみればそうだ。

杏　結構ボリュームある本ではありますが、夢中になって読んでしまいます。新しい発見がありました。だから読後感がすごいポジティブとか、ネガティブというよりは、知らなかった現実を知った自分がそこにいるという、そんな気持ちがしました。あと、実は意外な方の名前が出てくるんです。

大倉　誰だろう？

杏　ジャニーズ事務所のジャニーさんです。もともとはジャニーズ少年野球団っていうのがワシントンハイツあたりであったんですよ。そこからあおい輝彦さんたちが集まって、ミュージカル映画を見て、野球から、芸能をやろうっていうふうに言って、今の芸能界ができていった。他にも、ジャズトランペッターの日野皓正さんも千駄ヶ谷に戦後移り住んで、新たに建てられた施設ではなくて、もともと日本にあったけれども接収されて今はアメリカの人が住んでいるUSハウスというおうちとの交流をとおして、米軍キャンプでの演奏を始めたそうです。

大倉　基地で鳴らしたミュージシャンっていうのは多いですからね。

杏　だから、いわゆる今の芸能界とか、ショービズっていうのもすごく深くかかわっているんだなあ、と感じられて面白かったです。

大倉　ほかにもその当時輸入された文化っていうのはあるんだろうね、当然ね。いい意味でやっぱりバランスが取れた街になっていますよね。

杏　そうですよね、いいところはもちろん、多分悪いところとか、いろんなこともきっとあって、ぶつかったりもしたんでしょうけどね。夢の世界を打ち立てることで、頑張って目指せばこうなれるのかもっていうところから、高度経済成長につながっていった。たとえばミッドタウンなども、そういう背景でこの広い敷地はあるんだなあと思うと、また東京を見る目が変わりますよね。

大倉　日本人はもう平城京の時代から取捨選択が非常にうまかったじゃないですか。海外のこれは入れる、これは入れないっていうの。それはやはりここでもあったということなんでしょうね、きっとね。

杏　そうですね、きっと失われてしまったものも多いと思うんですけれども、得たものだったり、それが経過を経たものなのかもわからないですけれども。もう本当にいろんな側面を持った街なんだなあと思いました。

（2010.11.27 OA）

# 圧倒的なリアリティをもった姥捨て伝説

## 『楢山節考』深沢七郎　新潮文庫

大倉　今回は、ちょっと重たい本です。深沢七郎さんの、『楢山節考』。
杏　なんか、聞いたことがあるけれども……。
大倉　僕より10〜15歳下くらいまではわかる方が多いと思います。なぜかというとこの作品は2度映画化されて、今村昌平監督版がカンヌ映画祭でパルムドールを受賞し、大変話題になったからです。題材は、民間伝承の姥捨て伝説。
杏　姥捨て山みたいな?
大倉　そうです。姥捨て山の話って、僕が小学生の頃も、あの辺りでは年を取ったら捨てられてしまうらしいと、都市伝説のように連綿と残っていたんですね。これが本当にあった話かは全くわかりません。似たような話は今昔物語、大和物語、インドの紀元前の物語の中にも出てきますから、作り話とも言い切れない。深沢さんは、そんな非常に曖昧模糊とした、具体例のまったくない物語を、短編小説に仕立てっている。これを読んで、凄烈な印象を受けたんです。とにかく描写が異常にリアルなんですね。１９５６年に発表された小説なんですが、当時、三島由紀夫らが、こんな書き方ができるのか、と大変なショックをうけて、全員一致で中央公論新人賞を与えています。内容ですが、その村では70歳になるとお年寄りは山に捨てられることになっている。息子は母をしょい、山を４つくらい越えて、骨がたくさん落ちているところに着きます。息子の方はこのまま連れて帰ろうかと思うのですが、母は黙ったまま、下ろせと足をがんがん蹴って合図する。口をきいてはいけないという縛りがあるからです。仕方なく母を下ろした息子は、帰り道振り向いてはいけない決まりがあるのに、引き返して「おっかあ」と呼んでしまう。しかし実は母の方はここへ来たがっていたんです。というのも、自ら歯に石をぶつけて、欠けさせるくらい、自分が元気でいることに対して罪の意識があった……。そういう表現が随所に見られ、その大変なリアリティに驚きます。

杏　まるで見てきたような感じですね。

大倉　死に対する向き合い方を提示しているけれども、宗教はからんでいないんですね。私は70になったら逝くんだと。そういう表現が今受け入れられるかは別にして、非常に凄烈さを感じました。著者の深沢さんは、作家になる前はギタリストで、その後小説を書き始めたものの筆を折ります。３年ほど各地を放浪したあと、エルビス・プレスリーの曲から名前をつけた「ラブミー農場」を作って終の棲家とします。井伏鱒二や立松和平、南伸坊、石原慎太郎など文化人が集まっては、交流を深めていたそうです。そんな変わったおじさんというイメージでしたが、この本を読んでびっくりしたんです。全然印象が違いました。

杏　姥捨て山もそうですが、民間伝承といえば、歴史上の人物も信じられないような逸話が多いですよね。富岡八幡宮に、お相撲さんの碑がいっぱいあるんです。そこに手形が残っていて、人間のサイズじゃないぐらい大きい。熊みたいな手とか。

大倉　あこがれや畏れなど、そういうものがくっついて、話が大きくなっていってしまうこともあるんでしょうね。

（2010.12.11 OA）

## COLUMN この本の主題は BY SHINICHIRO OKURA

主題嫌いである。

小学生、中学生の頃、読まされる本の「主題」を問われるのが耐え難く、仮面を被って過ごした。「悪いことをすると、バチが当たる」「ミミズにションベンかけると◯◯◯が腫れる」みたいなことばっかりが正解にされて、「人間は愛欲の塊で、死ぬまでドロドロした世界を生きなければならない」「悪い奴らは、よく寝て健康」はバツなんだもん。

小説は勧善懲悪じゃないでしょうが。人間は最後は必ず改心して、正しい道を歩み始める、なんて寝言言ってんじゃねーぞ。

小説は人間ってのがわけわかんない不完全な生き物だから、成立してるんですぜ。それを捻じ曲げて、「純真な」少年・少女におかしなことを教えてもらっては困る。

だからみんな青春の一時期、「大人はみんな嘘つきで、都会はコンクリート・ジャングル、孤独だけが友達だ」とか歌、歌っちゃうじゃん。それは間違っちゃいないけど、捻じ曲がり方が不自然。

すべて学校で教わった「主題主義」のせいである。

太宰の数ある小説の中から「走れメロス」ばっかり読ませるなんて正気じゃないでしょう。

安吾は「親があっても、子が育つ」なんて書いてるし、田山花袋は若い娘恋しさのあまり蒲団に顔を埋めて泣いちゃうし、川端康成なんて「眠れる美女」ですぜ。

先生、「眠れる美女」の主題を教えてください。

## 時を忘れる異文化マンガ

『乙嫁語り』森薫　エンターブレイン

杏　マンガって、続きがいつ出たかわかんなくなっちゃうときってありませんか。こちらは、なかなか続きが出ないんですけれども、それくらい描き込みが美しく、内容の濃いマンガです。森薫さんの『乙嫁語り』。「乙嫁」とは、かわいいお嫁さんという意味らしいんですね。舞台は19世紀の中央アジアの集落で、何回読み返しても美しい絵に魅了されます。

大倉　さっきちらっと見たんだけど、セリフがないままページが続くとこありますよね。

杏　そうなんです。6、7ページにわたってセリフのない、無音の時間が定期的に訪れるので、その中でどんどん引き込まれていくというか。

大倉　あたかも美術品を見てるかのような、明らかに音がしているのに言葉は書いてない。でも、音を感じますもんね。そういうところすごいね。

杏　この時代は、今から100~150年ぐらい前だと思うのですが、イギリスやいろ

大倉　んな国の人が冒険みたいな気分で、異文化に触れにやってきたり、鉄砲なんかも入ってきたりするけれども、いわゆる民族衣装を着て、基本的な移動は馬に乗って、たまに弓でウサギやキツネを射て食べたりとか……。そういった、もう今は失われてしまったけれども、ぎりぎりの最近の昔みたいな。でも、行ってみたいなと思えたり、その時代にどっぷりとつかれるマンガです。

杏　杏ちゃんの好きな時代ですよね。１００〜１５０年ぐらい前あたりって。

大倉　はい！　日本は幕末〜明治末くらいですね。すごくオリジナルが残っていた時代のような、そういう個性がすごく強い時代ですよね。

杏　マンガのおかげでだいぶ歴史の勉強しましたよね。

大倉　西洋史だったり、とっつきにくそうな名前であればあるほど、ビジュアルからだと入ってきやすいですよね。

杏　人の名前を簡単に覚えるには、マンガって一番いいかもしれないね。

大倉　だから、歴史もののマンガとかは、学校の図書館にもっとどんどん入れてもいいのでは。

杏　でも、マンガだとその絵のイメージでかちんと固まってしまうっていうことないですか。

大倉　それはありますね。それに、小説もそうなんですけれども、どんどんキャラクターがついてくると、本当にあったことじゃないエピソードも独自に入っていたりするから、史実と創作の線引きもまた難しいですよね。

大倉　本当に勘違いしてる人もいますよね。そこがちょっと小説でも全く同じなんですけど、杏ちゃんの言うように、気をつけないとまずいかなとも思いますね。しかし、このマンガ、本当にすごくきれいな絵ですね。

杏　なんと、著者の森薫さん、ほとんどお一人で描かれているみたいなんです。

大倉　僕はそんなに最近のマンガは詳しくないですが、ここまで描き込んであって、一人で描いているなんてちょっと信じがたいような絵ですね。

杏　登場人物たちが幾重にも折り重なったいろんな柄の民族衣装を着ているんですけども、全部その柄も手描きで、馬の毛並みとか、ヒツジの毛並みとかも一本一本丁寧にペンで描き込まれていて。あとがきを読んでいると、本当にちまちまとじっくり描くのが大好きらしいです。

大倉　幸せなんだ、もうそれで。

杏　それを描いているときに、生きてるって思うらしいですよ。異文化に触れたい方にはとってもおすすめです。

（2010.12.18 OA）

## 人間に一番近い動物、熊に対する執念！

『熊　人類との「共存」の歴史』ベルント・ブルンナー　白水社

杏　人間に一番近い動物というと何を思い浮かべますか？

大倉　ゴリラやチンパンジーかなあ。

杏　北半球の人たちが考える、人間に一番近い動物は熊だったらしいんです。世界中で古来から神話や物語に登場しています。今回はありとあらゆる熊へのアプローチをまとめた不思議な本を紹介します。ベルント・ブルンナーさんの『熊　人類との「共存」の歴史』です。もう熊と格闘している表紙の絵からなんだこれはと。挿絵が多めの本で、写真は2点くらい。著者のプロフィールを見ると、経済についてなどを書いている人らしいんですが。熊の何がそこまで彼を駆り立てたんだろうと。

大倉　動機は書いていないんだ、面白いね。

杏　終始、自分のことではなくて熊なんです。最初から最後まで熊。なんでこんなに人間は熊と密接な関係にあるんだろうかという答えを出すための起承転結ではなく、

大倉　あっちではこう言っている、こっちではこうだ、と紀元前古代ローマから、北海道ヒグマを守る会まで、とにかく細かく網羅しています。でも熊好きにはたまりません。プーさん、テディベア、森のくまさんなんかも出てきます。

杏　確かに熊はおとぎ話でも神話でも、不思議な世界にさまよったときの話には必ず出てきますよね。

大倉　人間に近いフォルムでありながら、冬眠をするというのも神秘的みたいなんです。昔の人は、冬眠も全部意味があってやっていることなんだとしていたり、ある民族は、人間が何かをして姿が変わってしまったのが熊であり、彼らはなんでも知っているから悪口を言ってはいけないという話があったり。

杏　熊は人間を襲うといって怖がられているばっかりの印象を受けますが、物語の中ではすごく人間と親しいですよね。

大倉　サーカスでは器用に芸をしたりとか、人間と仲良くやっているところもあるんですけれども、この本のテーマとしては、人間と密接な関係にありすぎて、本当の姿って見えづらいよね、ということかなと思いました。いろんな発見があったので少しずつ話していきたいと思います。

杏　杏ちゃんは熊好きなんだっけ？

大倉　私、大好きですよ。ぬいぐるみもアクセサリーも持っています。ＢＯＯＫ ＢＡＲ

大倉　でも熊を扱った本は、今までにも吉村昭さんの『羆嵐』、久保俊治さんの『羆撃ち』などがありますが、どちらも北海道のヒグマの本でした。『羆嵐』に出ている1915年に7人がヒグマによって殺された事件も、この本の中で取り上げられています。

杏　神話だけでなく、そんな悲惨なことがあったとかも書かれているんですね。

大倉　だから、どういう執念で調べたんだろうかと。この本は「熊のショー」、熊の受けた「誤解」、「熊恐怖症」など、16章にわかれているんですが、日本の事例が特に取り上げられているのは、「熊恐怖症」の章です。富良野でバスの運転手が道路で出会った熊を撥ね飛ばして崖から転落死させたとか、ヘリコプターなどで三十何匹退治したとか、日本人の対応に疑問を提示しつつ、最近は日本でも熊を守ろうという機運があるということも紹介し、両面からのアプローチをしています。

杏　熊との共存と言うと、アイヌの人たちは熊をとても大切にしていますよね。

大倉　そちらも本に記載がありまして、子熊に自分の乳を与えて人間と同じように育てるという風習がアイヌ以外の世界いたるところの民族でも見られるんだそうです。

杏　子熊に乳をあげて……というのはアイヌの儀礼のイオマンテだけかと思ったけど違うんですね。

杏　全世界的に熊を認めていて、人間が変わってしまった姿だったり、すごく近い隣人だという考え方があるのはとても不思議ですよね。

大倉　サーカスは虐待ではないの？

杏　今はないのかもしれないんですけど、本で紹介されていたスモルゲンという町には「熊大学」というのがあるらしいんですね。熊たちが卒業試験をちゃんと受けて、世界各地に派遣されるんです。つまり芸を仕込まれてサーカスとかに運ばれていくんです。芸の仕込み方についても書いてあります。たとえば自転車に乗る芸は、ペダルをこぐ動きを覚えさせるのに、ペダルに熊の足をかけたら、くすぐるんですって。片方の足が上がって、ペダルが回りはじめたら、また下に来た足をくすぐる。その繰り返しで、しまいにはちゃんとこげるようになるそうです。

大倉　本当かなー！

杏　ダンスを教えるときは、音楽をかけながら熱い鉄板の上に乗せる。そうすると、けんけんするようになる。繰り返し行うと、だんだん熱い鉄板がなくても音楽をかけただけで踊るようになるのだそうです。現代のサーカスはまた別だと思うのですが、当時のその賛否を、両方の視点から書いています。昔からあるサーカスというのをなくしていいものだろうか、でも動物愛護的な視点からはどうなのか……というような、フラットな視点で読み解かれた熊が盛りだくさんです。

（2011.2.19 OA）

# 陰謀渦巻く、江戸時代のロシア漂流記

『大黒屋光太夫』吉村昭　毎日新聞社

杏　今回は、私が今最も気になっている人物、大黒屋光太夫の本です。吉村昭さんの『大黒屋光太夫』。江戸時代は鎖国していましたが、外界と接していなかったわけではありません。一番有名なのは漂流してやがてアメリカに渡ったジョン万次郎ですが、この大黒屋光太夫は北へ北へと流され、ロシアに漂着して、なんとエカチェリーナ2世にまで謁見して、最終的には帰国を果たします。しかも、最初の陸地につくまでは7カ月間ひたすら流されていました。そしてロシアに滞在する期間が9年半。事実は小説より奇なりですね。上下巻ですが、あっという間に読めます。

大倉　記憶にある名前だなと思ったら、同じ大黒屋光太夫を書いた話で、井上靖さんの『おろしや国酔夢譚』というのを読んでいたので、これか！と思いました。

杏　この本も、井上靖さんの本もそうなんですが、彼が日本に戻ってきてからまとめた本や文献などの事実をもとにして書かれているんです。かなりリアリティがある、

大倉　生々しい内容だったようです。最初は乗組員が17名くらいいたんですけれども、日本に帰ってくるのは3名、最終的に江戸に着いたのは大黒屋光太夫含めた2名。でも彼らのほかにもロシアに漂着した前例はあったんですよ。

杏　漂流するというのは、当時の船の耐久性からしたらありうる話ですからね。

大倉　ではなぜ彼以前の日本人たちは帰ってこられなかったのか。また、大黒屋光太夫は当時ロシア領のアムチトカ島、今のアラスカの南西あたりに着くのですが、そこから当時の首都ペテルブルクまで行くとなるとロシア大陸をほとんど横断する必要があるんですね。当然ロシアで地位もお金もない大黒屋光太夫が、なぜまわりのサポートを受けてそこまで旅ができたのか。その裏にはロシアの恐ろしい陰謀があったんです！

杏　それは楽しそうですね！　楽しくないのか。

大倉　そして、大黒屋光太夫たちの思わぬよい待遇も謎なんですね。気候が大変厳しいので、その中で体調を崩して、仲間たちが志半ばで倒れていくのですが、待遇自体はとてもいい。職のサポート、お金のサポート、それから女性たちもよってくる。「結婚してここに残りませんか」と言うんですよ。

杏　実際に結婚して残った人もいますよね。

大倉　実はほとんどだそうです。なぜかというと、当時日本語学校がロシアにあったらしいんですね。でも日本との国交がないから、日本語を話せる人が呼べない。ロシアとしては、国益を考えると、凍らない港をもった日本と国交を持って、交流を持ちたい。そういうわけで、漂流してきた人を残らず自分の国にとどめておいて、国の中の日本対策の要員になってもらおうと考えます。そんな中で大黒屋光太夫が帰れたのは、日本語研究もどんどん進み、今度は彼らを帰すことによって、今後のビジネスの話ができるのではないかという思惑があったようです。大黒屋光太夫たち2人は絶対に帰るという意志のもと、とうとう江戸に帰るんですね。

**大倉** エカチェリーナに会いにいったのも、帰してほしいと言いにいったのでしたよね。

**杏** そうなんです。でも、この本で一番不思議だったのが、当時の独特な宗教観です。ロシアでは、どうしてもギリシャ正教の洗礼を受けさせたがるんですね。改宗した時点で日本では罪人で、帰れなくなる。でも焼き印などを押されるわけでもないし、その場その場で気持ちを変えたらいいのではないかと思うんですが、そうではない。何人か洗礼を受けたときに、大黒屋光太夫は「なんてことをしてくれたんだ。帰れないじゃないか」というように、大地が揺らぐようなショックを受けるんです。

**大倉** うーん。踏み絵を踏めと言われたときにできません、というような感じですかね。

**杏** 宗教に対して、私たちが考えるよりも、ずっと深い気持ちがあったんですよね。

（2011.6.25 OA）

## 「肉」に思いを馳せる

### 『世界屠畜紀行』内澤旬子　解放出版社

大倉　「いただきます」は、これからいただく命に対する感謝の気持ち。

杏　ザッツライト！

大倉　そんな今回の本は、内澤旬子さんの『世界屠畜紀行』。「家畜を屠る（ほふる）」の屠畜ですね。彼女はルポルタージュだけではなく、本の装丁も手掛けるなど、とても多才な方です。これは、文字通り世界中をまわって家畜がどのように捌かれているか、つまり生きている状態からきれいに解体されて肉にされていくか、について書いた本なんですね。いろんな国でのいろんな動物たちについて、淡々と書かれています。

杏　日本では中々食べないような動物も出てくるのですか？

大倉　山羊とか……沖縄とかでは食べますかね。変わったところでらくだとか。らくだも食べられるんですか。本当だ、らくだの屠畜のところに、「大好きな動物なんで感慨もヒトシオ」と書いてありますね（笑）。

大倉　内澤さんは、動物が生きているときのかわいらしさはもちろん、屠っておいしくいただくというところまでを、「この名人芸を見よ、ここまでささっと切るまでには10何年のワザが必要だ」というように、何の隠し立てもなく表現されるんですよね。しかも、出版社からお金をもらってではなく、全部自費で行っているんです。

杏　己の興味の向くままに旅に行く。純粋な好奇心が感じられます。

大倉　そう。魂の命ずるがままに屠畜を見て回ってるんですね。

杏　普段自分が何を食べているかを知らない自分は不自然かなと思いますもんね。

大倉　ほとんどの人間は肉を食べますよね。食物連鎖というのは肉を食べ合うということですから、人間が自然に生きようとすれば、食物連鎖に入って肉を口にするのはある種当たり前のこと。ベジタリアンの方には怒られてしまうかもしれませんが。

杏　命をいただくというのは、肉の他にも植物の命もいただくし、魚の命もいただくし、ということですよね。添えてあるイラストも素敵。

大倉　そう、内澤さんのルポルタージュはすべてご自身によるイラストが入っています。

杏　おなかが空いてきました。お肉、大好きです。

大倉　先日も「おいしいホルモンのお店を教えてください！」と言ってましたもんね。僕と好みが近いんだよね。内臓系。

（2011.7.9 OA）

## 伝統競技なのに、真相はわからないことだらけ

### 『おすもうさん』髙橋秀実　草思社

大倉　暴露本じゃないのに驚愕の真相ばかりな本、ごっつぁんです。

杏　ごっつぁんです。

大倉　髙橋秀実さんの『おすもうさん』です。この方の本はどれを読んでも間違いなく面白いので、片っ端から読むことをおすすめいたしますが、今回はお相撲さんについていろいろ調査をされて、考察した本です。

杏　もともとお相撲さんに詳しいというわけではないんですね。

大倉　全然詳しくない。秀実さんは、相撲中継はよく見ていたけれど、相撲見てると必ず眠たくなって寝てしまう自分に気がついたんですね。どういうことなんだろうと調べ始めたのがきっかけだそうです。

杏　それで1冊できてしまったという。

大倉　そう。みんな、身の回りのことに特に疑問を持たず、普通だと思いこんでしまうこ

とって多いですよね。秀実さんがすごいのは、「でも、これ普通じゃないかも」と思う能力に長けているところだと思います。

杏　疑問を持つということですね。

大倉　ええ、その疑問をちょっと調べてみると、ほつれが少し見えてくる。そのほつれをほどきながら「え？　え？」という意外な世界を紡ぎだしてくれるというか、さらけだしてくれるというか、そういう書き手ですね。今回はそれが相撲の世界なんですね。とにかくどのページを読んでもものすごく面白い。「こんなこと知らない」という謎が山のように出てくるんですよ。どれも話のネタになります。

杏　確かに国技とまでされている相撲なのに、わからないことが多いですよね。

大倉　よく、相撲は神様に捧げる儀式で、だから女性は土俵に上っちゃいけないなど、いろいろ言われますよね。あれ、全く根拠がないんですよ。いくら取材しても、「そうだからそうなんです」という理屈しか出てこない。たとえば相撲の起源っていくつもあるんですけど。

杏　織田信長とかいろいろありますよね。

大倉　もっと遡ると、『古事記』編と『日本書紀』編に分かれるんです。二冊はほとんど同時期に書かれたのですが、『古事記』では、「出雲の国譲り」といって、出雲の国をやっつけるとか、国を渡しますとか、そういうときにいっぱい神様が出てきて、

杏　そこで初めて相撲というものが……という話が出てくるんです。『日本書紀』では、実際にいた雄略天皇の話で出てきます。彼は非常に底意地が悪く、人の失敗をあげつらってはすぐ死刑にするような人だったらしいんです。天皇が名人の木工に、「おまえは何を見ても驚かないし、刃先は絶対におかしなとこにいったりしないのか」と聞くと、木工は「絶対にいたしません」と返しました。頭にきた天皇は、女性を裸にして、まわしをつけさせて女相撲を取らせます。そうしたら木工は、つい女性に目がいってミスをしてしまい、死刑にされかけるという話なんです。

大倉　その頃には、もう相撲が存在していたんですね。

杏　そう。ただ、『日本書紀』では、それが相撲の始まりになってるらしいんですね。もともと女性がやるものだったみたいな話も聞いたことがあります。妊婦はすごく神聖な存在で、ものを生み出す力を持っているから、妊婦が踊っているところや、取っ組み合いするようなポーズを取るみたいなものが神事となった……というような話でした。

大倉　そういう話って多分探すと、いっぱい出てくるんですよ。もう一つこれは、という話を紹介すると、相撲で東、西ってありますよね。当然東のお相撲さんは、東の方角にいると思うじゃないですか、違うんです。

杏　え？　違うんですか。

大倉　国技館で言うと、東は実は北に、西は南に当たります。正面玄関から見て、右手が西で、左手が東だからなんですね。だから東、西には根拠がないんです。何で、ちゃんと東、西に合わせて建てなかったんですかと聞いたら、「いろいろ都合があったんでしょうよ」と片づけられている。

杏　道路が面してないとか、いろいろ事情があったのでしょうか。

大倉　でも国技館ぐらいは何とかしてくれよと思いますよね。

杏　正面玄関からっていう基準も、何で？という感じがしますね。

大倉　ですよね。観客は３６０度の方向から見ているわけですから、東は東にすればいいのにと思うのですが、だめらしいんです。理由は、みんな「わかりません」だそうです。

杏　「何でだろう」を刺激される本という感じがします。相撲に詳しくなくても、十分面白いと思えそうです。でも、根拠はないという感じなんですね。

大倉　はい。誰にもわからないことだらけが山のように詰まった、本当に珠玉の一冊だと思います。

（2011.11.26 OA）

# 飛鳥時代がピークだった⁉　日本の建築技術

『木に学べ　法隆寺・薬師寺の美』西岡常一　小学館

杏　失われた大切なもの、という言葉をよく聞きますが、いつ失っているんだっけ？と考えさせられます。これは薬師寺の宮大工の棟梁が語った本で、西岡常一さんの『木に学べ　法隆寺・薬師寺の美』です。西岡さんは、もともと法隆寺にいて、それから薬師寺に行かれたらしいんです。

大倉　薬師寺に行くと、薬師寺のことだけやるんですか。

杏　もともとは寺専属の大工さんがいて、西岡さんもそうです。お寺とか神社仏閣を相手にしたら、損得やお金などではないところで仕事をしなければならないと、もう二度と人の住む家は作らないそうです。美術の方にいっても結局お金と関係が出てきてしまうので、お金は抜きにして、いいもの、つまり千年二千年残るものを作っていかなければならないと語っています。法隆寺は飛鳥時代に建てられて、今でも残っているんですが、これまでにも地震や火事、年月を経て改修工事が必要になっ

大倉　てきて、室町時代や江戸時代、明治時代など、いろんな時代に修理した跡が見られるらしいんです。ただ、建築技術の高さは飛鳥時代がピークで、そこから下降の一途をたどっているらしいです。

杏　えっ、ピークなの？　飛鳥時代にはそういう技術は、基本的には中国や朝鮮半島からわたってきているんですよね。

大倉　銅の製造技術でも、今では作れないものもあるらしいです。もちろん技術面でも飛鳥時代がピークでしたし、木の年輪や動き、切られたあとどんな風にくせがついていくかも全部ひっくるめて計算して建てられていたそうです。

杏　どういう風に曲がっていくだろうとか？

大倉　そうですね。室町時代や江戸時代でも、木目を気にせずただの角材のように切ってただ並べているだけというものが多いと聞いて、うそー！と思いました。大切なものが失われたのはせいぜい昭和くらいの話かなと思ったのに、日本人が置き去りにしてしまったのは、１３００年以上昔ということで、カルチャーショックでしたね。

杏　建築基準法も変わってきていて、お寺に防火のシャッターをつけなさいとか、土台はコンクリートにしてくださいとか言われる。でもコンクリートは３００年くらいしかもたないらしいんですね。でも木の場合はうまく作れば、千年でももつ。

大倉　ベースが３００年じゃ千年もちませんよね。

杏　地球上の生物の中で、木が一番大きくて長生きすると言われていますからね。

大倉　下関の実家にも一部、残っている木の梁があって、立派なものだなと日頃から見ていたのですが、母親の実家の熊本にとてつもない太さの梁が残っていて、これは売れるだろうと。でもただ業者に頼んだら、産廃扱いされて終わりでしょう。誰かに使ってほしいですよね。

杏　大きい木は生育にそれなりの年月が必要なので、千年、二千年かかる檜の大木ってもう日本には残っていなくて、こういうお寺の修理などをする場合は台湾の山まで探しにいって、やっと見つけるらしいです。

大倉　やっちゃったね、日本人は。どうして切っちゃったのかね。もったいないね。でも日本だけでなく、あのときがピークだったっていう例は山のようにあります。

杏　ピラミッド、ペルーの石造建築……。ペルーの、カミソリの刃一枚入らないという石の組み方とか、今の技術では再現できないらしいですもんね。これだけ進歩しているのに不思議です。超能力とか使ってたんですかね。石よ動け、とか言って。

大倉　宇宙船がぴゅーんと持ってきたとかね。でもどうして忘れていくんだろう。西洋は書いて残すという文化が遅かったからかな。日本は結構残っているんですよ。

杏　それでも飛鳥時代がピークという。切ないですね。

（2012.3.3 OA）

# アメリカの夢と孤独を描いたおとぎ話

## 『ホテル・ニューハンプシャー』ジョン・アーヴィング　新潮社

**大倉**　今回は、アメリカの大人のおとぎ話です。「アメリカの」というのが意外に大事なんです。大人のおとぎ話は、ポルノ小説だと言ったのは開高健先生ですが、そういう本ではない。村上春樹にも大きな影響を与えているアメリカの巨匠、ジョン・アーヴィングの『ホテル・ニューハンプシャー』です。『ガープの世界』『オウエンのために祈りを』『サイダーハウス・ルール』などの作品が映画化されています。この作品は1981年に書かれたのですが、何年かあとに映画にもなっています。登場人物のたくさん出てくる、大きな家族の話です。家族もいろいろ性格が違う、非常に個性的な人間の集団なんですが、父親を中心にある種のまとまりをきちんと見せるんですね。父親はハーバード大学を出た秀才なんですが、ニューハンプシャー州でいきなりホテルをひらくぞ、と言い出します。家族は驚きますが、女学校を改装したホテルを作ってしまう。あんまり儲からないんですけどね。

杏　ここまでだと、そんなにファンタジーな感じはしないのですが……。

大倉　いや、一番ぴったりくる表現が、「おとぎ話」なんです。ある時、ヨーロッパからフロイトという人間が、熊を連れてホテルにやってくるんですね。その熊も、ホテルで飼うんです。このへんからあれ？って感じがするでしょ。

杏　非日常ですね。

大倉　完全にね。ホテルを開くお金も、ハーバードにお父さんが通う学費も、お父さんが熊に芸を仕込んで稼ぐんです。そういう本当に変わったありえない設定が次から次に出てきます。やはりおとぎ話なんですね。また、近親相姦があったり、ある種の性的倒錯を持った人がいたりと、玉手箱のようにいろんなものが飛び出してくるんですが、ジョン・アーヴィングは物語を大事にしている人なので、そんな諸々のことを組み立てるのが実にうまい。これがこの本の醍醐味です。物語は非常に入り組んでいて、これがこうなって……と解説しても意味がない。なぜ今になってピックアップしてきたかというと、最近アメリカについて疑問を感じることも多いけれども、アメリカには、独特の敬愛するべき小説が山のようにあると、はたと思い当たったからなんですね。

杏　ザ・アメリカという夢と孤独があるじゃないかと。

大倉　そうそう。それにはこの『ホテル・ニューハンプシャー』が一番いい。みんなが幸せそうにしているけど、孤独を常に抱えている。アメリカの本質なんじゃないかと思うんです。ポール・オースターもそうですが、ジョン・アーヴィングの描く世界は、あたたかいところで包みながらも、よーく崩して見てみると、みんなひとりなんだ、こんなに孤独を抱えているんだ、と感じます。この小説でも通奏低音として聞こえてくるのは、人間の孤独なんです。

杏　読後感はどんなものなんですか。

大倉　長い物語が終わった寂しさと同時に、アメリカの抱えているものが一気にどーんと押し寄せてくるような感じです。たとえがよくないかもしれませんが、アルコール依存症だったりドラッグ依存症だったりした人が、集まって自分の体験を話すセラピーがありますよね。あれ、アメリカの映画の中でよく出てきます。みんなの前で話すと「よく言った」とみんなが拍手をするような。あれこそアメリカの悲しさ、孤独をあらわしているような気がします。家族ではない、自分の仲間がほしいんだ。でも最終的に孤独だってことはみんなわかっている。

杏　ああいったものが必要だということはわかるんですが、ある種のもの悲しさというのはぬぐえないですよね。

大倉　なんともいえないアメリカの寂しさや悲しさを感じてしまう。そんな一冊です。

（2012.5.12 OA）

## 現代社会と隔絶された、摩訶不思議な民族

『ピダハン 「言語本能」を超える文化と世界観』ダニエル・L・エヴェレット　みすず書房

大倉　改めてわれわれは多様な世界の中で生きていることを実感する一冊、ダニエル・L・エヴェレットの『ピダハン 「言語本能」を超える文化と世界観』です。

杏　ピダハンっていうのは、何なんですか。

大倉　アマゾンの奥地に住む少数民族です。本当に少数で、このピダハンは400人を切っているんです。言葉はみんな同じで、いくつかの村に分かれて住んでいます。そこに、キリスト教のプロテスタントの伝道師として、このダニエル・L・エヴェレットさんが入っていくんですね。ピダハンは当然ポルトガル語を一切受けつけません。でも伝道師として入るからには、彼らの言葉を全部覚えて翻訳して、ほら、こんなにイエスはすごい人なんだよっていうのをわかってもらわないといけないから、言語学的アプローチがすごく大切になってきます。そうして言語を調べていくうちに、われわれからは想像もつかないようなピダハンの世界を、どんどん発見してい

くわけです。紹介しようと思ったら40も50も面白いエピソードがあるので少しだけ。たとえばピダハンには、1か2ぐらいまでは数があるんです。その先はなくて、「たくさん」になるんです。それがまず面白い。もう一つ面白かったのは、右と左の概念がないんです。

杏　左右の概念がないっていうことは「右」や「左」という言葉すらもなく、意識の中にもないっていうことですよね。どんな感覚なんだろう。

大倉　でも、どちらが上位概念にくるかということではなく、彼らは右と左の概念がなくても、何の不自由もなくちゃんと行く道がわかるようになってるんですよ。

杏　あっち行こう、こっち行こうっていうやり取りは当然ありますもんね。

大倉　そう。道、あるいは川を遡っていくときに、小さく上と言うと、みんな同じ方向に行くんですよ。上と下はありそうなんです。でも、左と右はないんですよ。

杏　例えば上が右で、左が下っていうわけでもなくて？

大倉　違います。生活の中でそれは知恵として蓄えられてるんですね。あと、すごく不思議に思ったのが、大体どんな民族も、自分たちの民族がどういうふうに作られたのか、どこからやってきたのかという創世神話を必ず持っています。ところがピダハンにはありません。そういうのはないのかと尋ねても、聞いたことがないと。

杏　精霊みたいなものもいないんですか？

大倉　精霊はいるんです。神は全然信用してなくて、いないと言い切る割には、村人全員が精霊を見て大騒ぎしたりするんです。でもダニエルさんには全く見えない。「本当に見えているのか？」というやり取りがあったりします。

杏　ということは、私たちは便利なものと引き換えに、精霊を見る力を失ってしまったのでしょうか。

大倉　その可能性は十分にありますね。また、ピダハンは夢も現実も直接的な体験として受け止めているということもわかるんです。境界がないんですね。

杏　夢の中で見たことも、一つの経験なんですね。じゃあ、それで例えば夢の中で、「あいつ殴ってきた、この野郎」みたいになるんですか？

大倉　そう、なるんです。そこの境目もない。「何なんだ、これは」の積み重ねで、面白さは保証します。ぜひ一読願いたい。

杏　ピダハンの皆さんが来日したら、日本の精霊とか見えるのかな。

大倉　見えるかもね。神社とか連れていくと、大騒ぎするかもしれない。このピダハンなんですけど、言葉も面白くて、母音が3つしかないんです。イ、ア、オの3つだけ。ウもエもないんです。ちなみに子音は8つ。日本語だと、一般に認識されている母音は5つです。昔はもっとありましたけど、減りました。また、子音は14と言われています。でも、音声学的に細かく子音を分類していくと、26もあるんですね。そのくらい複雑な子音も取り入れて普段話しています。この本でもピダハンの発音でいろいろ書いてあるんですけど、どれが何を意味しているのか、何回読んでもさっぱりわかんないんですよ。

杏　例えばピダハンの方々が使う言葉は、読んで発音できるものなんですか。

大倉　一応この本でもカタカナで書いてあるんですが、正しい発音はさっぱりわかりません。たとえば「ィイー　ホイヒオ　イッ　ビギー　カーオビーイ」。イが、すごく多いでしょう。さっき母音が3つあると言いましたが、一番多いのが、イなんです。イとかィイーとか。それで意味が全然変わってくるんです。

杏　ちなみに、さっきの文章は何と言ったのですか。

大倉　「少し量の多い枝が落ちる、地面に」という意味です（笑）。

杏　そんなにかけ離れた言語と向き合うって、すごい精神力ですね。

大倉　ただこのピダハンは彼の研究で、すごく有名な少数民族になっちゃって、研究者が増えてるようです。言語学的にも、人類学的にも非常に面白いんですね。

杏　でも彼らは、どうして、現代まで自分たちを保てたんでしょうか。

大倉　これ、わからないんですよ。周りの少数民族たちは、みんなポルトガル語を話せるようになったり、新しい文明を受け入れるんですが、彼らは頑なに拒むんです。

杏　やっぱりそれをやると、精霊が見えなくなるからでしょうか。

大倉　そうかもしれない。著者のダニエルさんなんですが、最初家族全員でピダハンの村にいて、奥さんもマラリアにかかったりと、大変な日に遭ったりするんです。ところが伝道師の仕事について彼は疑問を持っちゃうんですね。ピダハンの言ってることが正しいような気がする、と。ピダハンにようやく訳したマタイの福音書の話を聞かせたところ、「ふーん、何が面白いの？」って言われて、愕然とするらしいんです。「おお、そんなすばらしい教えがあるのか」と普通は言うらしいんですが、全然無反応だったらしくて、それにショックを受け、彼らとともに、さらに生活を続けるに至り、とうとう信仰を捨ててしまうんですね。徹底的に伝道師としての教育を受けているはずの彼がそうなっちゃった。残念ながらご家族とも離ればなれになってしまったという、壮絶なルポルタージュ及び後半はちょっと言語学的な学術書みたいになる本です。

杏　そうなるくらい、今までのもの全部を引っ繰り返される経験をされたんですね。ちょっと経験してみたいような。

大倉　アマゾン奥地に1年ぐらい行く？

杏　え？　でも、まずこの本を読もうかな（笑）。

（2012.8.4 OA）

## COLUMN 好きなジャンル BY ANNE

これがあったら絶対手に取ってしまう、好きなジャンル。

《歴史その1》自分とのつながりが感じられるもの。

どの歴史上の人物も、同じ月を見ているんだなぁ、というような感覚。定義は広いけれど、何かしらつながりを感じられるとワクワクする。

《歴史その2》閉鎖的な印象のある日本史の中で、海外とのやり取りが感じられるもの。

特に遠いヨーロッパまでつながりがあると、ワクワクする。戦国時代の宣教師、貿易、鎖国時代の漂流、蘭学、通詞などなど。今では想像するしかないほど大きな文化の隔たりや、遠さの感覚に思いを馳せる。

《歴史その3》遠くて近い、近くて遠い感覚。

特に幕末などは写真も多く残っていて、手を伸ばせば届きそうな近さがある。反面、もう二度と戻れない風景や風俗に口惜しい気持ちになる。

《食べ物その1》食への欲求。

どうやって食べるんだろう。どんな味なんだろう。真似したいな、できるかな。

《食べ物その2》食についてのストーリー。

こんな風に食べた、どういう人が食べた、など。

これらの合わせ技で「歴史と食」ジャンルも大好きだ。巻末のリストの中で、上記のポイントを押さえた作品にチェックを入れたらいかほどの数になるだろう……。大倉さんも「また、好きそうなやつ持ってきたね」と呆れつつ突っ込んでくれる。

でも好きなのだ。これが私のポイントなのだ!

このジャンルで、お薦めの本があったら、是非教えていただきたいです。

## ある子どもからの、心に突き刺さる問い

『「ネルソンさん、あなたは人を殺しましたか?」ベトナム帰還兵が語る「ほんとうの戦争」』アレン・ネルソン　講談社

**大倉**　「あなたは、戦争で人を殺せますか」という、ちょっと重たい問いを投げかける本です。『ネルソンさん、あなたは人を殺しましたか?』という本で、書かれたのは、アレン・ネルソンさん。ご自身のことを書かれた本です。当時のニューヨークの貧困地域ブルックリン出身で黒人のネルソンさんは、子どものころ父親が家を出て、高校を中退して、何にもしてなかった頃にベトナム戦争のために海兵隊にリクルートされます。その構図はイラク戦争に連れて行かれた人たちと全く同じです。海兵隊に行くと、すごくいいことがあるぞと。給料はすごくいいし、三食たらふく食えるぞっていうのが一番大きかったらしいんですが、さらに金ぴかの制服だぞと。それから、当時は、黒人はニガーと呼ばれていて、そういう差別用語をもってしか自分たちがアメリカに存在できないんだと思っていたら、国家のために奉仕できる、俺はアメリカ人なんだという誇りを持てるんだという、4つのインセンティブをぽ

んと渡されて、飛びついちゃうんですね。よし、行くぞと、ベトナムにと。そして訓練を受けたのち、1年以上ベトナムで過ごすわけなんです。ところが帰ってくると「ベトナムに行って人を殺してきたような人間はもう自分の息子ではない」と、母親から拒絶される。ベトナム帰還兵は、当初は国で英雄として迎えられた人もたくさんいたのですが、だんだん戦争が長引くにつれ世論が変容してくるわけです。反政府運動が高まるにつれ、帰還兵のおまえらは人殺しだと罵られ、最初聞いた話と全然違う扱いを受けるんですね。そういうバックグラウンドがあって、ネルソンさんは23歳で母親から放り出されてホームレスになってしまう。そこで高校の同級生にばったり会うんです。先生をやっている女性でした。学校であなたがベトナムで体験したことを話してくれないかと言われ、断るんですが、何度も頼まれるうちに一度行ってみようかなと出かけました。でも子どもたちに残酷な話は聞かせられないから、ベトナムの子どもたちがこんな感じだとか、当たり障りのない話をしていたら、一人の女の子がパーンと手を挙げたんだそうです。「ネルソンさん、あなたは人を殺しましたか?」とストレートに聞いてきて、彼はしばらく答えられなくなっちゃったんですね。黙り込んでしまって、うそもつけないし、どうしたらいいんだろうと、目をつぶったまんましばらく考えて、「イエス」と言うんですね。そして目を開けられないまま、ここに来なければよかったと後悔していたら、その手を挙げた女の子が、ネルソンさんに抱きついて「かわいそう」と言うんですよ。彼のために涙を流してくれたんです。ほかのクラスの子どもたちもネルソンさんのところに集まってきて、みんな、どれだけ苦しかったかと言ってくれたりして。僕、電車の中で読んでいて、もうそこでちょっと読めなくなってしまいまして。今も涙ぐんでしまったのですが、そんな体験を経て、彼はその後大学に入り、一生懸命勉強したのちに卒業するんです。いろんな平和運動や、反政府運動なんかを見て、それから特に沖縄で12歳の少女がレイプされたという事件。そういう事件をきっかけに、自分が沖縄にいたときに何をやっていたかを思い出すんです。似たようなことをやっていたわけです。タクシー代を踏み倒したり、買春行為のあとに女性に金を払わず逃げたり。そういった自分のやってきた非道なことが、脳内にフラッシュバックします。同時にベトナムでやってきたこともすべてよみがえってくるんですね。今でこそＰＴＳＤという言葉は、当たり前のように使われていますが、当時そんな言葉も概念もありませんでした。帰ってきた人間は、そのまんまほったらかされるだけで、何の手当もない。これはもうどんな戦争も許してはいけない。そう考えて日本に来て沖縄でいろんな講演をしているうちに、武力を放棄するという日本国憲法９条に出会うんですね。それに感動して、日本とアメリカを往復しながらずっと講演活動をされていたという方なんです。ベトナムで使用されていた枯葉剤の影響で、多発性骨髄腫という病気にかかり、２００９年に61歳で亡くなられたんですけれども。これ、小学生向けに書かれたといってもいいほどにひらがなが多くて、１時間ぐらいで読めてしまうような本なんです。

杏　本当に小学生でも読めてしまいそうですね。平易な文章で書かれているからこそ響く言葉があって、そして、読みやすいから誰にでも読んでほしいという思いがこめられているんだなと感じます。

大倉　僕はベトナム戦争関係の本を山のように読んでいるので、この本に書かれているようなことはすべて知っているんです。でも、どれだけのことがあったのかが、包み隠さずこの本に書かれているんです。

杏　ベトナムも沖縄もすごくのどかな場所なんですよね、本当は。

大倉　そうですね。ベトナムは何度も行きましたけれども、どこが戦場だったのか、今はもうほとんど読み取れません。博物館などはあるから、当時の様子を窺うことは多少できますが、ここが本当にそうだったのっていうそんな場所になっていますね、今はね。それから、これを読んだときにちょっと驚いたのが、戦争の記録っていうと、やはり正確さを期するために、詳しく何があったかとか、このときの自分の心境の変化はとか、いろいろ書き込まれるんですが、そういうこともなく。本当にどうしてこんなにうまくまとめられたんだろうっていうぐらい、戦争ってひどいもんだと書かれているんです。こんなこと初めて言いますが、親御さんはご自身でまず読まれて、判断された上で、お子さんと読んでみてはどうかと思います。お子さんの年齢や成熟度を確かめた上で、ですけどね。僕はちょっと困ったっていうくらい、突き刺さりました。いくつかの文献で読んだことがあるんですが、戦場に出て撃ち合いになりますよね。新米の兵士の場合、撃っているようでいて、人を狙っていないケースが圧倒的に多いらしいんです。戦争ですから、人を殺すのは当たり前だとたたき込まれているはずなんですが、狙えないんだそうです。あえて全然関係ないとこに撃つというケースが80%とか、ちょっと本によって多少変わってきますが、そういう数字が出ています。それはやはり、人が人を殺すことに対して、ものすごく強い抵抗を感じるということなのだと思いますね。

**杏**　ものすごくミクロなレベルで言うと、以前仕事でボクシングの体験をして、いざ殴るときに「素人のパンチなんて大丈夫ですから、僕の顔を一回殴ってみてください、大丈夫ですよ」と言われたんですけど、全然殴れなかったです、怖くて。銃とは比べものにならないでしょうけれど、そういった極限に立たされて、人を殺めてしまうこともあるだろうし、その精神的なストレスたるやっていう感じですよね。

**大倉**　だから、訓練のときには、人を殺す恐怖というのをなくさせるわけですね。おまえはそのために兵士になったんだと徹底的にたたき込まれますが、それでも撃てない。

杏　やっと撃てるようになっても、帰ってきたら日常と乖離していて。

大倉　人を狙うことさえできなかった人間が、簡単にとは言いませんが、人を撃てるようになって帰ってきて、もとの生活に戻ろうと思ったときには、それは大変なギャップを感じざるを得ないですよね。ちょっと重たい本ですが、この本はやっぱり読んでもらわないと、と初めて思いました。最近異なる文化に対して、非常に拒否反応を持ちやすい状況が生まれているような気がするんですね。とにかく最悪の事態をまず避けるためにどうすればいいのかということから考えてほしいなと思いました。

（2012.10.13 OA）

121　『「ネルソンさん、あなたは人を殺しましたか？」ベトナム帰還兵が語る「ほんとうの戦争」』

## 死んだはずが生き返った？　生と死の意味を問う

『空白を満たしなさい』平野啓一郎　講談社

大倉　死んでしまおうと思う私と、生きていたいと願う私。生と死について考えられている、平野啓一郎さんの『空白を満たしなさい』です。これは平野さんには珍しく、SF仕立ての本で、突拍子もない場面から始まります。主人公は病院の待合室にいるのですが、すごくあせっている。彼が待っているのは医者なんですが、その人が自分を3年前に検視した医者なんです。つまり、主人公である私は死んでしまったのに、なぜかここにいる。なぜ生き返ったのかもわからない。いろいろ調べると、自分を検視した医者がここにいるというので飛び込んできた、という場面です。いざ医者に確認しても、「あなたはあなたであることを証明できるんですか」というような、妙ちくりんな会話になる。医者は勝手に言ってなさいと突き放してしまう。

杏　よく似ている人じゃないですか？と。

大倉　そう、「双子じゃないですか」と。そんなわけない、私は私でしかない、と。それで彼はどうするかというと、当然家族のもとに帰ります。実は彼の死因は自殺だと警察は断定している。ところが主人公は自殺する動機がまったく思い浮かばない。仕事はうまくいっていた、子どもも生まれたばかり、妻をものすごく愛している。どこを探しても死ぬ理由はない。絶対殺されたんだと思って調べていくんですね。

杏　なぜ彼は突然生き返ったんですか。

大倉　それが平野さんの大胆なところで、なぜ生き返ったのかは不明のままにしてあるんです。そもそもこの小説の組み立て方が、ファンタジーというよりは、大きなメタファーになっています。そういう小説の回し方で、生きるということはなんなのか、死ぬということはなんなのか。主人公は自殺と断定されたが、なぜみんなそんなに死に急ぐのか。そういうところで平野さんなりの解釈をぽんと出してきます。つまり、死を見つめると生が見えてくる。

杏　メメント・モリのようですね。

大倉　すごく考えさせられます。このタイトルが胆で、死んでから生き返るまで3年ある。その空白をどうやって満たすのだろうかと。最初彼は、自殺じゃないということにこだわって、それを追いかけ続けていました。でもだんだん、もしかしたら……というういろんな展開が起きてくる。新たに、自分はなぜここにいるのだろうかという思いに捕らわれていくんですね。複雑そうに聞こえるかもしれませんが、大変読みやすく、共感をうまく引き出してくれるんですね。設定としてはSF仕立てとしても、中はうまく平野ワールドを展開させてくれています。先日平野さんに色々うかがいました。『日蝕』など、初期の作品はすごく難しい。「あの頃のも面白かったけど、ずいぶん読みやすくなりましたね」という話をしたら、「最初の頃は学生時代で、他人のことをあまり考えていなかった。でもこの年になったらどういう風に読んでもらおうか考えますよね」とおっしゃっていて、さすがだなと思いました。

杏　平野さんは、作品によって扱うテーマや舞台設定が本当にバラバラですよね。

大倉　この本は、人を愛するとはどういうことか、ということにも触れていますし、最近平野さんが強く意識している「分人」、つまり統合はされているけれども、人の人格の中にはそれぞれの「分人」が存在しているのではないか。相対する対象によって違う自分がそこにいてもおかしくないのではないかということなんですが、この考え方がうまーくこの本の中に入ってきてるんですよ。

杏　森絵都さんの『カラフル』の大人版みたいですね。生き返ってもう一度自分を見つめ直す。でもそれって幸せなことなんでしょうか。

大倉　おっしゃる通り！　そのへんは、すごくリアルに書かれていますね。僕だって、死んだおやじに「帰ってきた」なんて言われたら、どうよ、となると思いますよ。

（2013.3.23 OA）

## 実はやわらかな門外不出の人生訓

### 『葉隠入門』三島由紀夫　新潮文庫

杏　「武士道というは、死ぬことと見つけたり！」……という本です。今回あの「葉隠」を持ってまいりましたが、それについて三島由紀夫さんが書かれた『葉隠入門』という本なんです。そもそも、「葉隠」とはなんたるやと。佐賀鍋島藩に伝わる、教訓のようなものというか、武士道とはこういったものだ、という人生訓を聞き書きしたものでした。ただ、これは門外不出というか、自分が会得したと思ったらまとめたものは捨ててしまいなさい、という教えだったんです。でもそんなに簡単に捨てられるはずもなく、人から人へその思想が脈々と受け継がれてきたんですね。とにかく葉隠の中で有名なのが、「武士道といふは、死ぬ事と見付けたり」という一文ですね。

大倉　そこだけがみんなの印象に残ってしまってますよね。

杏　はい。「葉隠」自体、三島由紀夫さんのバイブルで〝私の本はこのただ一冊である〟

と書いています。三島さん自身が最終的に切腹してしまったこともあり、そういったちょっと行きすぎた思想なのではないかと思われるかもしれませんが、そうではない。この本の中で三島さんも、いやいやそんな危険な本じゃないんだよと書いています。私はむしろビジネス書なんではないのかと思います。

大倉　サラリーマンの処世術みたいなところありますからね。

杏　はい。戦国から太平の世になって、どうやって人間関係を生きていくのか、自分自身を磨いていくのか、どうやって恋をしたらいいのか、子どもを育てたらいいのか……ということが書いてあります。〝人前であくびをしない方法〟や〝上司との付き合い方〟なんていうのもあったりして。

大倉　意外に俗だったりするんですよね。

杏　そうなんです。三島さんは「葉隠」は表と裏を描いていると書いています。「死ぬ事と見付けたり」としながら、〝生きるっていいよね。楽しい思いで生きていきたいよね〟という考えも入っている。「人間一生誠に纔（わづか）の事なり。好いた事をして暮すべきなり」、つまり「好きなことをして暮らすべきだよね。人生本当にちょっとだからさ」という感じなんですね。〝明日の予定はちゃんとたてましょう〟という項目もあるくらい。女性が読んでも男性が読んでも人生訓として素直に受け止められる本だなと思います。

大倉　「葉隠」という、なんとも想像をかき立てるようなタイトルがいいよね。

杏　私は最初忍者の話かなと思いながら読んでたんですけど、侍でした。

大倉　三島といえば、スーパースターですね。あらゆる方面でカリスマ性を放った方です。今でも影響を受けている方ってたくさんいますよね。ウィキペディアによると三島由紀夫の本は、累計で２４００万部以上売れているそうなんですよ。ちなみに杏ちゃんは三島作品の中でこの作品の他に何か引っかかるものはありますか？

杏　『美しい星』です。ある一家が、宇宙人だという意識に目覚めるというＳＦです。でも、日本を舞台にした近代文学的な作品はまだまだ読んでいなくて。

大倉　僕は『豊饒の海』四部作ですね。やっぱり最後の作品だから、というのも自分の中であるかもしれませんが、これは読んだ方がいいよなと思います。三島独特の文体は変わっていませんし、若干の現実的でないものをちょっと入れたりするというのは三島の得意とするところじゃないですか。三島の全部をこの中に詰め込んだんじゃないかなと。最後死に至るまでこれを書いてましたからね。

杏　ある意味遺書というところもあるんでしょうか。

大倉　そういう風に読めば読めなくもないかもしれません。

（2013.4.13 OA）

## 危険地帯に囲まれた、なぜか平和な謎の国

『謎の独立国家ソマリランド　そして海賊国家プントランドと戦国南部ソマリア』

高野秀行　本の雑誌社

大倉　「ここまでやったらできないことはない！　なんでも好きなことをやってください」という本です。高野秀行さんの『謎の独立国家ソマリランド　そして海賊国家プントランドと戦国南部ソマリア』です。ソマリア、アフリカの角と呼ばれている場所ですね。エチオピアとケニアとジブチという小さな国に隣接しているんですが、ソマリアという国が国家として成り立っていないんです。

杏　貨幣がインフレをおこしていたり？

大倉　インフレの問題ももちろんあるんですが、その前に政府が消えてなくなってしまっていたりもして、誰が何をやっているかさっぱりわかっていない。『ブラックホーク・ダウン』という映画がありましたけど、アメリカがソマリア紛争に介入しようとして、ブラックホークという武装ヘリが撃墜され、米兵が18人亡くなっている。兵士が残忍なことをされたのを見て、当時のクリントン大統領は兵を引いてしまう。

杏　そのくらい危険な国なんです。おととしから去年までの大干ばつによって、ケニアやエチオピアに難民が流れてしまったり。ソマリアの首都はモガディシュですが、外国人が一人で歩いていると、まず間違いなく誘拐されるといわれている場所です。そこにね、高野さん行っちゃうんですよ！　ソマリア干ばつのときに、誰に聞けばいろんな話が聞けるかなとあたってみたら、現状をきっちり話せる人っていないんですよ。「私、行きました」という人がいない。なぜだろうと思っていたけれど、この本を読んでよくわかりました。どえらく危険な場所なんですね。

大倉　危険だ、危険だという印象はありましたけど、本当にどえらい。

杏　……ということを言っておいてなんなんですが、なぜ謎の独立国家というタイトルなのかというと、ソマリランドはソマリアから独立していると宣言している。どこの国も承認していないんですが、行ってみたらものすごく平和だったんです。「ソマリアとはちがうよ、俺たちソマリランドだもん」と住民はそう言う。でも高野さんに言わせると、住民は傲慢で、いい加減で、約束は守らないし、荒っぽい。そういう人たちなのに平和はきっちり守られていて、民主主義選挙で大統領が選ばれ、僅差で敗れても文句をつけない。徹底した民主主義が成り立っている。

大倉　システムもある程度確立されているんですね？

杏　そうなんです。ソマリアは他に、南部ソマリアやプントランドという「国」にわかれているのですが、そういうところと一緒にしないでほしいと。高野さんはなぜソマリアがこれだけ危険だと言われているのに、このソマリランドだけが平和なのかを探りに行くんです。その結果、資源がないから、貧乏だから、というのが理由なんだよと言われて。それで、「はぁ?」となる。

杏　争いの原因がないということですね。

大倉　そう、それから、長老支配、氏族支配がしっかりしている。ソマリランドでも前に内戦があったんですが、氏族同士の争いが起きると、一番弱い氏族の長老がでてきて、第三者的に仲裁してくれて、はいはいってやめちゃうんですよ。戦争の仕方を知っているから、俺たちの国には戦争がないんだよ、とはっきりいうらしい。

杏　なんとも哲学的な話ですね。

大倉　すんごい話だなと。でもこいつら約束守んねえんだよな、頭くるなという話も書いているんですけど。

杏　ソマリランドのまわりは危ないのに、恐ろしいことは起きないんですか。

大倉　起きないんです。不思議です。高野さんは2009年にカメラマンと一緒にはじめて取材に行って、帰ってくる。色々考えた結果、もう一度行こうということになる。自分はソマリランドという平和なところにだけしか行ってない、安全じゃないところにも行ってみないと、行ったと言えないんじゃないかと。それで高野さんは、まず最初に、ケニアのソマリア人難民キャンプを訪れるんです。そこでも「本当にこいつら！」という思いをしながら、次はプントランドに行く。ソマリアは海賊も有名で、ソマリア沖では海賊が横行しています。そこでプントランドで海賊取材をしたいと言って、実際に彼らに会うことにしました。そうすると、仕組みがわかってくる。ソマリアで人が誘拐されてどこかに閉じ込められて、それを長老たちが仲介して……と裏側はこうなってるんだ、とわかる。お前も一緒にやってみないかとまで言われるんですよ。

杏　海賊ってすごい行為かと思っていたら案外成立する商売というか。

大倉　ただ、彼らは人の話を打ち切って、「俺はこう思うんだけどさ」と全く違う話にもってっちゃう。だから、じっくり話を聞くときには、カートという葉っぱを食べる、カート宴会というのがあるらしいんです。イスラム教が主たる宗教で、お酒は飲めないので、コーラを飲みながらカートを食べる。そうすると頭がシャキッとするそうで。

杏　それは薬みたいな感じですか？

大倉　脱法ドラッグ系ですよね。そこに行くとみんな少し落ち着いて、話を聞かせてくれるらしいんです。高野さんもカートにすっかりはまって、草食人間と化してカートを食べながらずっと取材を続けたそうです。

131『謎の独立国家ソマリランド
そして海賊国家プントランドと戦国南部ソマリア』

杏　そう聞くと楽しそうですけど、命の危険は常にあったんですよね。

大倉　そうですね。さらに一番危ないといわれる首都モガディシュに行くんですよ。イスラム過激派といわれている武装勢力アルシャバーブがたまたま首都から引いていた時期で、比較的安全だったらしいんですが、一人で出かけるときは銃を装備したガードを4人つけないと出歩けない。そんな風にしていろんなところで話を聞いてくるんです。他にも、南部ソマリアでは放送局の人が協力的で、いろんな便宜をはかってくれて、すごく助かるとか。一番紛争の激しい南部ソマリアは人はいいなぁという感想があったりと、そんな話が満載です。

杏　行かなきゃわからないんですね。結構分厚い本ですよね。

大倉　高野さんは、ソマリランドにもお姉さんからお金を借りて送ってもらったりしているんですね。この取材をしたことで、世界でも有数のソマリランド研究者になれるのに、そういうのは興味ないんです。未知の探索しか興味がないから、と。そこがかっこいいというか、やりたいことをやらせてあげたい！　みなさんもご購入いただければ幸いです。

（2013.6.8 OA）

◆その後探検家に会うのが楽しくなり、高野さん主催の「シュールストレミングを味わう会」というパーティまで潜入しました（大倉）。

## 光の当たらないヒーロー

### 『無私の日本人』磯田道史　文藝春秋

杏　今回は、「光の当たらない背中がかっこいい！」という本です。

大倉　……暗闇にいる人ですか？

杏　いえいえ。脚光を浴びない、もしくは脚光を避けたヒーローを集めた本ですね。映画化もされた『武士の家計簿』を書いた歴史学者の磯田道史さんの『無私の日本人』です。『武士の家計簿』もそうですが、磯田さんは埋もれがちな歴史に焦点をあてて紹介した本をたくさん出されていて、この中では「無私の日本人」を3人紹介しています。歴史書というよりは、半分小説のような形で、読みやすく、ぐっとくるんです。ほとんど知られていない人たちだと思うのですが、穀田屋十三郎、中根東里、大田垣蓮月の3人を紹介しています。

大倉　知らないねえ！

杏　ざっくり紹介すると、穀田屋十三郎は仙台藩の吉岡という宿（しゅく）にいた人で、東北の藩ですし、その宿も貧困にあえいでいたんですね。そこで、金貸しをやって利子でふるさとを潤そうと考えました。考えた貸付先は仙台藩。領民が藩にお金を貸すのはもちろん、それで私腹を肥やすのではなく、自分の宿のために、ただそれだけのためにはじめるというのも前代未聞です。もちろん、お金を貸すには元手がいりますよね。そこで、いろんな人が協力して、郷里を潤すためならばとお金をかき集めます。

大倉　そのお金の出所は、宿の人々ですか？

杏　そうです。さらに言うと「こういうことをしませんか」という藩への訴状が受理されるかもわからない、一体どうなるのか……というお話です。2人目の、中根東里という人は、極貧生活を送っていたけれども、仕官を誘われても断ります。自分の利益はいらない、純粋に学問の追究をしたいという人なんですね。名もいらないと。

大倉　はい。しかも、ものすごい量の漢文をすべて燃やしてしまって後世に何も残らなかった。残っていれば日本の文学史は変わったかもしれないのに！　そして、最後の大田垣蓮月、幕末の歌人で、絶世の美女です。

杏　女性なんですか！

大倉　女性です。美人だったがゆえに、いろいろな不幸な境遇もあって、出家したのです

杏

が、この美貌が人を引き寄せるからいけないんだと、歯を抜いたり眉を剃ったりして。

大倉　無茶をしますね。

杏　とにかく隠れて暮らしたいと。蓮月焼きという焼き物を作ったり、歌を作ったりしていたそうです。そのうちそれらの偽物をつくる人があらわれるんですが、「それで儲かるのなら、どうぞ私の名前で作ってください」と。焼き物は偽物が作れても、さすがに歌は作れないとなると、「持ってきてくれれば私が書きますよ」と。

大倉　偽物を摑まされた人はちょっとかわいそうですけどね。

杏　磯田さんに制作秘話を聞いたのですが、本書に限らず、小説仕立てで歴史の本を書くときに、登場人物を自分の知っている人に当てはめて、なんとなくこんな感じかなと書かれるのだそうです。それで、大田垣蓮月は、なんと私をイメージしながら書いたと言ってくださったんですよ。

大倉　あらら！　じゃあ杏ちゃん、眉毛剃って歯を抜いて、これからの人生大変なことになりますね（笑）。

杏　いや、それは……（笑）。でも、北条政子のように、一本気だったり、気の強い役だったりが多かったので、そういうイメージを重ねてくださったのかなと思うとうれしかったですね。

大倉　ちょっとした当て書きですね。

杏　この本を読んで思うのは、「無私」って、どうしてこんなことができるんだろうということです。先ほどの穀田屋十三郎も、子孫にゆめゆめ驕るでないぞと言い残しているんですね。彼の流れを継いだ酒屋が今でもあるのですが、家訓もきちんと残っているのだそうです。

大倉　それは会ってみたいね。今どういう人が当主をやっているんだろうね。

杏　それだけ損得を考えずに、フラットに、そして人のためになる、ということが、今の日本にも必要なのではないかなと、この本を読むと背筋が伸びますね。

（2013.8.31 OA）

◆この本の中の「穀田屋十三郎」は『殿、利息でござる！』として2016年に映画化されました。蓮月さんもいつか……!?（杏）

# 壁の花だった高校生が心のドアを開いていく……！

『ウォールフラワー』スティーブン・チョボスキー　集英社文庫

大倉　こんなに感受性の強い高校生でいたかったなと思う本です。僕の高校時代は勉強はしないいし、一体何やってたんだろうという感じですが。

杏　何やってた感がいいんじゃないんですか？　高校でお茶目なことをする、というのはちょっと憧れます。

大倉　杏ちゃんは高校時代、働いてましたからね。お茶目っていうか「お前、あんとき全校生徒の前で公開告白したよな」とか、未だに40年前の大昔の話で盛り上がります。そんなことは置いといて。映画を見て、原作を読みたくなったというパターンです。スティーブン・チョボスキーの『ウォールフラワー』。原題は"The Perks of being a Wallflower"といいます。チョボスキーは『ライ麦畑でつかまえて』のサリンジャーの再来と騒がれました。１９９９年にアメリカで出版されて大評判になった本です。映画化するにあたっても、原作者でありながら、監督・脚本までこなしたという非常に珍しいケースです。原作者自身がここをカットするとか、ここは残すとかやっている。

杏　原作者の思い描いた風景そのままの映画ってことですか？

大倉　そこなんですが、そっくりでもないし、まったくイメージが違うでもない。両方確実に味わえます。小説でも映画でも、どちらを先に見てもいいかも。僕は鳥肌立つくらい感動したんですよ。両方をおすすめしたいと思います。主人公は16歳で高校に入学したチャーリー。彼は抜群に成績優秀なんですが、大きな心の傷を抱えていて、友人ができない。何かの集まりに出ても壁にくっついているしかない。だからウォールフラワー、壁の花にしかなれない。そんなときにエマ・ワトソンが演じている上級生のサムと、サムの義理の兄であるパトリック、この兄妹2人がずっと友達になってくれて、彼らにうしろから押されるようにして外界へのドアを開いていく。その描写が見事なんですよ。サムもパトリックも一見でたらめなんですが、彼らも実は心に傷を負っている。それを隠して、ドアを一緒に開けながら、チャーリーと歩んでいく、という話です。これは本当に微妙なところを読んだり見たりして感じてほしいんで、それで味わっていただきたいと思います。

杏　アメリカの高校生活ですよね。日本や世界中の高校生に通じるものがあるんでしょうか。

大倉　先ほど自分のおちゃらけた高校生活を笑っていましたが、バカみたいなことをやっていても、自分はひとりだなと思うこともありましたし、ひとりであることを自覚しないとだめだなということも思っていました。ですから、同じようなことを感じているのかなという気もしました。たとえばこのくらいの年齢って、友達と笑いあっていてもひとりになるとふっと冷めたりとかしますよね。僕も当時からずいぶん本を読んでいましたから、いくつかの顔を使い分けていたような感じがします……ってかっこよく言い過ぎてますけどね。

杏　家族の前でと、友人の前でと、女の子の前でと、先生の前でと全部違うと。

大倉　そうですね。あの頃はひとつ年齢が違うだけで全く違う。1カ月にひとつずつドアを開けていくように、見る世界が変わっていきますから。そんなようなことが、この映画や小説の中にも描かれているんですよ。

杏　これは現代の社会をうつしたものですか？

大倉　1999年に刊行された本ですから、今の世相とは若干状況が違いますけどね。

杏　はい。

大倉　作品は91年くらいが舞台なんですね。当時はカセットテープに好きな曲を入れて友達に渡す、というのが流行っていたらしいんですね。日本でもそういう流行がありました。この映画でも、ソニック・ユース、ニュー・オーダー、ザ・スミスだとかをテープに入れている。それらがリアリティをぐっと上げてくれるんですよね。中高生にももちろん読んでほしいんですが、僕はこんなに感動しましたから、むしろ50代くらいの方にぜひ読んでほしいなというのがありますね。

（2013.11.23 OA）

# 食べ物が好きすぎるという執念が生んだ、楽しい辞書

『たべもの起源事典　日本編』岡田哲　ちくま学芸文庫

杏　好きすぎる執念が作ったすさまじい本です！

大倉　文庫本なのに、すごく厚いね。

杏　岡田哲さんの『たべもの起源事典　日本編』。816ページ、2200円ですが、お値段の価値があります。タイトル通り、食べ物の起源を辞書にしたものです。岡田さんは食に対する探求心、好奇心が非常に強いんですね。こちらはたまに挿絵もありつつ、五十音順にまとめてあるのですが、なんと1300項目。辞書の編纂を描いた三浦しをんさんの『舟を編む』を読んで、苦労を知ったあとだったので、どれだけ大変だったんだろうと思いました。世界編もありますから、いったいどのくらいの年月がかかってこれができたのか。脱帽の一言です。日本古来の食べ物だけではなく、カレーライスやとんかつ、駅そば、あるいはレトルト食品など社会的・文化的な現象にも触れています。

大倉　食文化というところまで踏み込んでいるんですね。

杏　料理名だけでなく、たとえばごまやごぼうなどがいつ日本に渡ってきたか、どのくらい前から親しまれていたかなども書いてあるんですよ。

大倉　誰が作ったかも書いてあるの？

杏　諸説ある場合はその説が全部載っています。これらをひとつひとつ追って調べ、紐解いていく作業は、言葉の意味を説明する以上に難しく、時間がかかるのではないかと思いました。私は1ページ目から順々に読むというよりは、「この前食べた食事はどうだったんだろう」と辞書を引くように、パラパラと読んでいます。

大倉　ちょっと女の子と飯を食いにいくときに調べておいて、「これはさ〜」と。

杏　そうそう、蘊蓄を語れる本ですよ。

大倉　この辞書の中で「おっ！」というものはありましたか？

杏　「羊羹」。漢字で書くと「羊」ですよね。もとは古くから中国で作られていた羊肉の煮こごりのような、あんかけ料理の一種だったらしいんですね。鎌倉時代に禅僧とともに点心のひとつとして伝えられました。けれども仏教が盛んな日本では、やはり羊は食べてはいけない。汁物としてお供えする前提だったのが、室町時代後期、羊の肝と似た色のあずきに代えられ、さらに甘味が加えられて現在の形になった、という説があるそうです。

大倉　字からすると正しいよね。僕は羊羹がだめですが、なぜ「羊」なのかは謎でした。

杏　では何か思い浮かぶ、これ知りたいという単語はありますか。

大倉　うーん、「冷や汁」はどうでしょう。

杏　「宮崎県の郷土料理。長崎県でも好まれる。汁ものを冷やした夏向きのもの。ひやしる・ひやしじる・ひやしつゆ・つめたおしる・寒汁ともいう。（中略）忙しい夏場は、冷えたムギ飯に生味噌をのせ、水をかけて食べた」とあります。室町期からあったとのこと。京都の四条烏丸の四条家には12種類の冷や汁があったり、米沢上杉藩の武士は出陣の折に好んで食べたりしたらしいですよ。作り溜めできること、冷たいままで食べられることから重宝されたようです。

大倉　12種類もあったんですか。

杏　それだけ奥が深い料理ということですかね。そういえば、朝ドラ「ごちそうさん」でも「がわがわ」という、たたいた鯵と薬味をのせた冷や汁が出てきて。食べるときに「がわがわ」と音がするというのが名前の由来らしいです。

大倉　食べたくなっちゃうな。こうやって一冊にまとめあげる執念がすごいね。冷や汁だけでこんなに新しいことを知りましたから。

杏　重さと内容の濃さ、手に取って確かめてみていただきたいと思います。

（2013.11.30 OA）

## わからなくても、面白い！　素数の世界

### 『素数の音楽』マーカス・デュ・ソートイ　新潮社

大倉　今回は、わからないから面白い、という本です。マーカス・デュ・ソートイの『素数の音楽』といいます。タイトルがいいでしょう。

杏　はい。数学なのか、芸術なのか、音楽なのか。

大倉　僕、素数が大好きなんですよ。素数って聞いただけで反応しちゃう。何の数字を見ても、「素数かな、どうかな」と思います。

杏　そうだったんですね（笑）。そもそも素数とは……。

大倉　1とその数自身でしか割り切れない数字です。1は実は素数って言わないんですけどね。2、3、5、7、11、13、17、19、23と、桁が少ないうちはどんどん出てくるんですよ。

杏　奇数なのかなと思っちゃうけど、2もあるし、違いますよね。

大倉　素数っていうのは2を除いて偶数はないんです。1の位が0も5もない。でも数字

が大きくなるにつれ、他の数でも割り切れるかわからなくなってくる。

杏　何桁ぐらいまで素数があるとわかっているんですか？

大倉　現在わかっているのは1742万5170桁までだそうです。どういう風に調べているかは僕は全くわかりませんが、そういうニュースを見ましたね。でも、未だにどういう規則性で素数が現れるのかは誰もわからない。僕ら素人から見ても、専門家から見ても、まるでランダムに出てくるんです。規則性があるのかないのか、それがわからなくて、学者たちの大問題になっています。みんな必死になって追いかけるんですが、わからなくて、素数研究者は精神に異常をきたしたり、とんでもない変人だったりする人も多いんです。そのくらい人を狂わせる数字なんですね。

杏　素数の魅力は、シンプルということですか？

大倉　シンプルで、美しいでしょ。他の数で絶対に割り切れない数字って。「ゴールドバッハの予想」というのがあるんですが、2よりも大きなあらゆる偶数は、2つの素数の和で表せる、というものなんです。

杏　はじめて聞きました。

大倉　50というのを考えてみましょう。素数2つ、どうでしょう。

杏　うーん、43と7が組み合わさったら、50になる？

大倉　そうそう、これが、どんなに数字が大きくなっても同様なんです。でも予想なので、

杏　証明できてはいない。数学って厳密で、1億個まで正しくても、そこから先がどうなっているかが証明できない限り、そうだと言い切れない。それが面白いんですよ。

大倉　なんでそんなに特別なんですか、素数って。なぜ素数を考えだしたのか、それを素数って名付けなくてもいいじゃないかとも思うんですが。

杏　考え出したのではなく、存在するものなんです。素数という特殊な数字にどういう意味があるのかというのを追いかけていくんですよ。

大倉　素数に意味があるのかな、と思っちゃいます。

杏　ところがすごいことがあるんですよ！

大倉　それは数学者だけでなく、一般の人もすごいと思うのですか？
僕は、この本の1／3以上はまったく理解しておりません。特に公式だとか、グラフだとか、そのあたりはまったくわからない。それでもむちゃくちゃ興奮しました。純粋数学で素数を追究していく中で、今行き詰まっている。しかし、最近の研究で、量子物理学と関連があるということがわかってきたんです。量子物理学の不規則性が解明されれば、素数の分布の規則性がわかるのではないかという、「リーマン予想」と一致するのではないかということなのだそうです。つまり、素数はやはり自然の中で規則的に現れてきているということが、量子物理学の世界を通してわかるかもしれない。そうすると宇宙の成り立ちまで及んでくる可能性があるわけです。

杏　その法則がわかれば、宇宙の成り立ちがわかる？

大倉　わかるかもしれない。これってすごくないですか？　なぜ素数と量子物理学が結びつくかはよくわからないけど、結びつくということだけでもしびれるほど興奮しました！

杏　その世界を覗けるなら覗きたいし、たとえ１／３がまったくわからなくても、２／３がわかれば本としては十分楽しめますね。数学好きな人にとってはふーんとさらさらっと読めちゃう本なのでしょうか。

大倉　そうかもしれません。でも、僕みたいに数学がわからない人間にとっては大興奮なんですよ。

杏　わからなくても面白いと思わせるのがすごいですよね。

大倉　本当にすごい！　ちなみに『博士の愛した数式』の小川洋子さんも絶賛されてます。

杏　そうなんですか。算数レベルから自信がない私ですが、そう聞くと気になります。

大倉　大事なポイントだよね。きっかけはそれもありです！

（2014.3.15 OA）

◆２０１６年１月には、２２３３万８６１８桁までわかったそうです（大倉）。

## 仏教界一厳しい寺での素人修行体験

『食う寝る坐る　永平寺修行記』野々村馨　新潮文庫

大倉　食う、寝る、食う、寝る、食う、寝る……という本です。単行本が約20年前に出版された、野々村馨さんという男性の『食う寝る坐る　永平寺修行記』です。彼は大学在学時からアジア各国を放浪して、その後デザイン事務所で働き始めるんですが、いろいろ思うところがあり、恋人もいるのに30歳で突然、出家しようと思っちゃったんです。

杏　ご実家もお寺さんとは関係がなく？　信徒だとか、仏教を専門的に学んでいたとかでもなく？

大倉　全然関係ないんです。社会生活に疲れ、何もかもが煩わしくなってしまったみたいです。デザイン事務所を辞め、当時の恋人に、俺は出家するぞと。しかも、曹洞宗の本山、福井県にある永平寺に入山するぞと。

杏　行くって言って行けるもんなんですか。もっとステップがあって、系列のお寺みた

大倉　いなものから本山に出向したりするものかと。それが、行けるもんらしいんですよ（笑）。まず永平寺で修行するのだそうです。曹洞宗のお寺はたくさんあるけれど、永平寺で修行したのちに自分のお寺に戻って住職になるというコースをたどる人が多いらしく、全くお寺と関係ない人も雲水（修行僧）として入山することができます。野々村さんは、恋人から「待っててもいい？」と聞かれ、「いったい何を待つんだよ」というようなやり取りをした挙句、とりあえず1年間雲水として修行しに行くと言って、本当に行ってしまう。でも、永平寺ってどういうとこか知っているのか？と思いますよね。

杏　私、一度普通に観光客として行きましたが、冬にもかかわらず、お坊さんは全員裸足なんですね。いついかなるときも素足とか。あと、山門という門があって、寺を出て行くときにしかくぐれないとか、いろんな決まりがあるようでした。

大倉　おそらく、日本の仏教界の中では一番厳しい修行をさせるところなんですね。あらゆる所作が決まっていて、トイレに入るときにはどういうことをしなければいけないとか、食事のときは何をどれだけ残して、最後にこう終わってとか、もちろん、音を立ててはいけないとか、すべてが決まっている中で暮らさなきゃいけない。

杏　期間が1年と聞くと、短いようにも思えるのですが。

大倉　そう思うでしょ？　でも最初の1日だけで、これ、1年ぐらいかかっているのではないかというくらい、長くて厳しい描写が続きます。

杏　それぐらい1日が長いんですね。

大倉　1日目っていうのは、入山させてもらえないんですね。その前に、8人でまとまって、地蔵院というところで入山するための心得みたいなことを教えてもらうのですが、そこにまずスッと入れないんです。先輩の雲水が出てきて、名を名乗れと言われて名乗るけれども、何回言っても「聞こえねえ、帰れ馬鹿！」とボロカスに言われてしまう。しかも野々村さん、最後まで入れてもらえなかったらしいんです。

杏　その8人中の最後の人に！

大倉　最後の最後になってようやく入れたけれど、朝から晩まですべての所作が決まっていて、ちょっとでも失敗しようものなら、殴られ、蹴られる。下手すると石の階段から突き落とされる。ようやく1日目が終わると今度は入山の際に、おまえは何をしに来たんだと問われ、修行ですと答えると、「修行っていうのはいったい何だ」って聞かれて、答えられないわけですよ。そこからまた殴る蹴るですからね。

杏　答えられないと、やっぱり殴られちゃう。

大倉　答えられませんよ。修行しに来たばっかりなんだもん。1年目の雲水はそんな扱いが当たり前だから、当然逃亡するやつが出てくるのですが、連れ戻される。

杏　しょっちゅうあることなんですか。

大倉　はい。ただ、野々村さんがいた間に1人だけ逃亡に成功した人がいたそうです。お金などは全部預けてしまっているので所持金ゼロ、雲水の格好をしているから目立つし、すべてのポイントが見張られているから、普通は一発で通報されます。それにもかかわらず逃げ通した人がいるんですよ。その人がどうやって帰ったかはわからない。

杏　来る者拒まず、去る者追わずというわけでもないんですね。

大倉　一旦預かったからには責任があると。特にお寺から預かっている方が多いんです。病気になれば入院もさせてくれます。

杏　野々村さんが1年で出てきたってことは、元の生活に戻ったのでしょうか。例えば置いてきた恋人とのその後は……。

大倉　気になるんですが、恋人のことは書いていなくて、どうなったかわかりません。永平寺で学んだ仏教の教えについても多少出てきますが、結局彼がここで何を学べたのかというと、突き詰めると、食べることと排泄すること、それから自然界の連鎖の均衡を維持しながらやがて死んでいくことだ、ということです。最後、彼は永平寺に引き止められたものの、悩んだ末に1年で山を降りました。ついつい強烈なことばっかり羅列しましたが、心あたたまる話もちりばめてありますから。

（2014.6.7 OA）

## COLUMN 活字中毒

BY SHINICHIRO OKURA

私は活字中毒の人であるが、「私って活字中毒の人じゃないですか～」と寄ってこられると蹴飛ばしたくならない？「私がもやし大好き人間って知ってた？」と同じくらい腹が立つ。

　だから、私はそんなことは言わない。

　確かに私は活字を追っていないと落ち着かない。何もしていないという不安に駆られるからである。といって、すべての活字が頭に入ってきているわけでもない。気がつくと文字を追っていただけで、内容を全く把握してないまま数ページ進んでいたりする。恐ろしい。母親が85歳でピンピンしているのに、自分は還暦過ぎくらいで一日に何度も「ご飯はまだかい？」とか言い出すんじゃないかと不安である。

　しかし、そんなことは昔からあったことを思い出した。

　活字中毒って活字を見ていると安心するだけで、知識欲とはあんまり関係なさそうである。

　そんなわけで、中毒を緩和しようと努力している。テレビのバラエティ番組を見ようと張り切ってみたが、何が面白いんだかわからない。

　泳いでみた。糖尿病寸前と脅かされているせいもあるんだけど、これはいい。泳いだあと、ビールを飲むと途端に眠くなる。本を読み始めると1分ともたない。素晴らしい発見、と思ったんだけど、今度は翌日一日中眠くて、本当に読まなきゃいけないものがあっても、ちょっとだけ横になるか、で1時間も寝てしまったりする。

　活字中毒でもいいか、と思い直し始めている。

# 日本のマジックリアリズム！　引き込まれて抜け出せない

『夜は終わらない』星野智幸　講談社

**大倉**　マジックリアリズムといえば、ガルシア＝マルケスですね。こちらはそれを彷彿させるような小説、星野智幸さんの『夜は終わらない』。傑作です。こんな本に出会っちゃったら紹介しないわけにはいかないなって思って持ってまいりました。説明しようとすると非常に難しいんですよね。まず帯の、「鬼才が挑んだ現代の『千夜一夜物語』　一度入り込んだら抜け出せない」という文章だけでぐっときました。主人公は結婚詐欺を繰り返す女で、だました男を次々に殺していく連続殺人犯。しかも、男たちをただでは殺さない。ぐるぐるに縛り上げて、殺す前に一つ面白い話をしろって迫るんですよ。そうでなきゃ今、殺すと。だから必死になって男たちは物語を作り出すわけです。それが結構面白いお話だったりするんですけどね。でも、最終的には殺されちゃう。

**杏**　面白くてもだめなんですか。

大倉　そうなんです。うわあ、すげえ設定！って。千夜一夜物語って確かに言われてみれば、そういうことか！と。

杏　じゃあ、その事件が解決していくかではなく、この犯罪者である女性のトリックに次ぐトリックみたいなお話ですか。

大倉　最初の30ページぐらいまでは僕もそう思ったんですよ。何百万、何千万もお金を取られた男たちが、どういう話をするのか……という、そういう転がり方をしていくものだとばかり。ところが、とんでもない展開になってきて。ある男を殺す準備まできちっとしておいて、さ、始めろっていったところで、その男がとんでもなく面白い話をしちゃったんです。それで、もう1日話す？みたいなことになり、そこから男は自然体で話すようになる。そうなると、終わらないんですよ、物語が。実は、複雑な入れ子状の小説になっていて、男が語る物語の中の登場人物が物語を語り始めて、さらにその登場人物がまた物語を語り……と、それが重層的に積み重なっていくんですよ。読んでるうちに、「今、誰の物語の中にいるんだっけ」とわからなくなってくるんです。でも話がとにかく全部面白いから、それすらもあんまり気にならなくなってきます。

杏　とにかく続きが気になると。

大倉　そう。どこにいるかわからないこの不安定さが、すっごくたまらないんですよ。

杏　何か引きずり込まれる感じがしますね。

大倉　もうずるずるですよ、本当に。入ったら抜け出せないってこのことだと思いました。物語っていうのは、要はフィクションでしょ。

杏　作り話というか、その人の経験したことではないですよね。

大倉　もともと一人の男が語っているわけですから、全部フィクションなわけですよ。ところが、そこからどんどん話が溶けていくんですね。溶けていくといってもよくある幻想小説みたいなかたちではないんですよ。だから、マジックリアリズムと言ったんですが、ガルシア＝マルケスの本でも、途中何が何だかわからないっていう話にはなってないんですね。だから、私はこの人は、日本のガルシア＝マルケスになるのではないかと期待をするわけですよ。

杏　星野さんは、今までどんな本を書いていらっしゃるのですか。

大倉　前の作品の『俺俺』は、大江健三郎賞を受賞してるんですよね。映画化もされてかなり話題になっていました。１９６５年生まれですから、49歳。きっとまだまだこれから書かれますよね。

杏　今後も注目ですね。

大倉　子どもが小さい頃、寝るときにお話してくれとせがまれたんですが、もう全く思いつかない。でも、うちの女房は子どもがすんごく喜んできゃあきゃあ笑うような、

杏　すごく面白い話をしていて。あれは悔しかったですね。杏ちゃん、子どもができたらお話聞かせてあげたいですか。

大倉　ですね。昔、いとこのおうちにお泊りしたときに、いとこのお父さんが、いとこを主人公にしたお話をその場で作ってくれて、年下のいとこがきゃっきゃ喜んでいて。確かに自分が主人公になったりするとすごくわくわくするじゃないですか。夜の知らない街や、デパートの閉まったあとを冒険するっていうお話だったんです。

杏　それすっごくいいネタじゃん！

大倉　いまだにその記憶があるくらいなので、やっぱりそういう物語聞かせるのっていいですよね。

杏　この『夜は終わらない』はあくまで小説ですけど、人間って切羽詰まるとこんな面白い話ができるのかなと、読みながら思いましたね。

大倉　できないんじゃないですか。

杏　できないよね（笑）。

（2014.7.19 OA）

## 時代の荒波と恋と歌……。胸をかきむしられるストーリー

『恋歌』朝井まかて　講談社

杏　つらい、苦しい、恋しいという感情が、これ一冊で味わえます。

大倉　何か、ううっていう感じですね。

杏　もう、ぐぐぐっていう本です。第150回直木賞受賞もした、朝井まかてさんの『恋歌』です。恋愛小説ともいえるんですが……というところがみそです。

大倉　それだけでは終わらないわけだ。

杏　もうまず帯にそうそうたるメンバーが。

大倉　伊集院静、桐野夏生、東野圭吾、すごいね。この方たちにほめられて読まないってのはちょっとどうかしてんじゃないのって感じだよね。

杏　しかも幕末なんです。

大倉　またもう（笑）。見事に釣られましたね、杏ちゃん。

杏　これはもう、読まなければならないということで。実在の人物の話です。樋口一葉

大倉　の師匠・中島歌子さんが主人公。明治時代に樋口一葉や三宅花圃などの作家や歌人を輩出した「萩の舎」という、女性の学校のような、サロンのような場所を主宰した方です。しかも、幕末の世においては、水戸天狗党の水戸藩士の妻だったと。

杏　天狗党の党員なんですか。

大倉　党員の奥様だった。ここだけでもう幕末動乱が！という。

杏　ぐっときました（笑）。

大倉　中島歌子という名前は、明治時代になってから名乗ったものなのですが、もともとは林登世さんといいます。最初、水戸天狗党の方と出会うまでの恋物語かなと思ったんです。

杏　恋はするんでしょ。

大倉　歌を詠んだりしながら、もうすばらしい恋をして。ただ、時代がそれだけでは許さない。水戸では、幕末の動乱の中で尊王攘夷派の天狗党と、改革反対派の諸生党の激しい対立がありました。水戸藩士の中にも幕末のまつりごとの中に身を投じた人もいたのですが、残念ながらあまりに激しい内紛で命を落とした人たちが大変多かった。これがこの小説のもう一つのポイントなんです。ここまでの歴史があったなんて、知らないことばかりだったんですが、天狗党は、反逆者だということで大変に厳しい処遇を幕府から受けるんですね。それは天狗党の党員だけではなく、さらにその家族、親族も……。

大倉　係累にまで及んじゃうわけですね。

杏　そうなんです。主人公の林登世さんも牢屋に入れられて、女性も子どももみな、いろんなつらい思いをして、そして乗り越えていったり、かなわなかったり。相当凄惨なできごとも描かれていて、ただの恋愛小説ではない。ここも描かざるを得ない、描かなければいけないという思いを感じます。

大倉　いいとこばかりで話作るわけにいかない、ということですね。

杏　はい。物語は、明治時代の中島歌子さんの晩年にお弟子さんたちが持ち物の整理をしだして、彼女の手記を見つけるところから始まるんですが、この人がこうかかわってくるのかという、複雑に絡み合った構成もまたすごい。

大倉　幕末の動乱も恋も、それから先の新しい時代を切り開いていくまでも、もうジェットコースターみたいにうねるんですかね。

杏　うねります。ちょっと分厚めの単行本なんですが、あっという間に読んでしまう。胸をかきむしられるようなストーリーです。ちなみに、『恋歌』というタイトルなのですが、大倉さんは、何か好きな歌はありますか。五七五七七の方の。

大倉　いやあ、それ聞くか（笑）。全然用意してなかった。僕、お恥ずかしながら、和歌はほとんど覚えてるものがないんです。

杏　私も好きで覚えている歌は、二つ、三つあるぐらいなのですが、この本で、その一つが出てきて。有名な「瀬を早み　岩にせかるる滝川の　われても末に逢はむとぞ思ふ」という崇徳院の歌なのですが、主題としてずっと繰り返されるテーマなんです。やっぱり自分の好きな歌が出てくるとはっとします。

大倉　僕もそんなこと言ってみたいな（笑）。なるほどね。

杏　大倉さんは、歌を詠んでみたいとかありますか。

大倉　そんなこと思ったこともないです。

杏　よく歌の会とかってあるじゃないですか、あこがれます。ちょっと近寄りがたい世界ですが、興味あります。それこそ若い女の子の「萩の舎」みたいなの、ないかな（笑）。

大倉　杏ちゃんもやればいいじゃない。まだまだ若いんだから、ぜひ。

杏　いや、でも年を重ねていないと、紡げない歌もあるのでは？

大倉　もう僕はいいですよ。僕はいいから（笑）。

（2014.11.22 OA）

## 過剰な生命力に溢れる、超重量級の一冊

『ぶっぽうそうの夜』丸山健二　河出書房新社

大倉　今回は「過剰に生きる」。そんな超重量級の本、丸山健二さんの『ぶっぽうそうの夜』です。生きるという生命力が横溢しています。１９９７年に刊行されたのですが、２０１４年にご自身で全面改稿して、豪華装丁の本にまとめられました。

杏　何がこんなに不安にさせるんだろうというぐらい、なかなかぱっと手には取りにくいです。平積みになっていたらうっとなるような不気味な表紙ですよね。まずこのぶっぽうそうというのは何ですか？

大倉　ぶっぽうそうというのは鳥で、もともとは「仏法僧」という仏教用語なんです。東京の町のど真ん中にはいないかもしれませんが、本州、四国、九州全部にいます。「ぶっぽうそう」と鳴くからこの名前だと言われていますが、実際は「ゲッゲッゲ」としか鳴かない。色々調べてみたところ、ふくろうがそう鳴くのではないかと言われています。最初に超重量級と申上げましたが、先にこの本のとっつきにくさをあ

げておくと、1．主人公の「私」の主観の語りだけで構成されている。2．会話が一切出てこない。「私」の記憶の中ではかぎかっこもありますが、会話が続いていく部分がまったくない。3．人の名前が一人も出てこない。

杏　えー、「私」の名前もわからないんですか。

大倉　そうなんです。内容は、ある種のミステリーがカバーしているところがあって面白いんですね。一度自分の中でとっかかりが見つかると、自分でもたぐりよせますし、小説の方が僕を引きずり込んでくるんですよ。逃れられない。

杏　舞台は現代ですか？

大倉　現代です。どこが舞台かは定かでない。ヒントになるかなというのは55歳で定年になったということ。妻に去られて、人生を捧げた会社にはなかば捨てられるようにして退社する。それで死に場所を求めて故郷に帰ります。ところが、故郷というのが、妹は惨殺されて、弟は人を殺し、母は自殺し、父は孤独死したという大変いやな思いをした場所なんです。死に場所を求めているのに、どこが過剰に生きるだ、と思いますよね。「私」は糖尿病を患っていて、いずれ目が見えなくなると言われています。めちゃくちゃしてやる！　それで死んでやる！と帰ってきたけど、そこで展開するいろんなことで、彼は過剰に生きることになる。

杏　洞窟の中に入ったら少しの光が明るいみたいな感じでしょうか？

大倉　光かどうかがわからないところがすごい。「くわー、生きてやるぞ！」となる。

杏　私、不勉強ながら、丸山健二さんの小説はまだ読んだことがないんですが、こういう重量級の作品が多いんですか？

大倉　丸山健二、基本的には重いです。

杏　独白で進んでいくから読みにくく感じるのかと思うのですが、そこが気になるポイントでもあります。貫井徳郎さんの『愚行録』もいろんな人の独白だけで進んでいくから、少しわかりづらいけれども、はまるとはまるという感覚に近いのかなと。

大倉　そうなんです。しかしこれ、『愚行録』と違って一人の独白ですからね。この分厚い小説を一人で語り抜く。しかもこの主人公、時と場合によってどんどん違うこと考え出しますから、それに付き合っていかなければいけない。でも、「重くて最高だぜ」という感じです。

杏　読んだあとは闇の中を抜けた感じですか？

大倉　うーん、抜けたのか？　すっきりするかどうかはその人次第です。僕は旅に持って行ったんですが、途中からずっとこれだけを読んでました。この本はわかりにくいけれども、わかりやすければいいってもんじゃない！　ぜひこの放送をきっかけに、とっかかりを摑んでいただけたらうれしいですね。

（2014.11.22 OA）

# 冒頭15ページで摑まれる、圧巻の狩猟小説！

『邂逅の森』熊谷達也　文藝春秋

大倉　今回は、山の狩人・マタギの本、熊谷達也さんの『邂逅の森』です。２００４年に直木賞・山本周五郎賞を受賞しています。舞台は大正３年、冬の山形県の月山山麓の狩りの様子から始まります。１ページ目からいきなり、すぽーんと体が飛んでいく感じで持っていかれます。大体１ページ目って、その冬はこんなことがあってといった、情景やバックグラウンドの描写から始まることが多いですよね。でもこれは、余計な描写がほとんどない。この主人公たちが行うのは狩人組を作っての狩りなんです。

杏　勢子(せこ)が追って、追い込みして、また別に撃つ役割の人がいるような？

大倉　そうそう。一対一で命のやり取りをするという一人での狩りではなく、グループを作っての行動なんですね。集団での決まり事はとても理にかなっていて、皆が納得できるシステムをちゃんと作っています。スカリと呼ばれる頭領の命令には絶対服従。ですから、誰が何の役目を負うか、かっちり決まっているわけです。スカリにこれをやれって言われれば、必ずそれをやらなきゃいけない。杏ちゃんの言っていた勢子は、大声を出して獲物を追う係ですね。通常、経験の浅い人間がやることが多いんです。

杏　音を出してもいい役割ですもんね。

大倉　そうそう。大きな声を上げたりして、どんどん追い詰めていくんですね。本の冒頭では、アオシシ（ニホンカモシカ）を狩っているんです。普通は鉄砲を構えてると思うじゃないですか。勢子が声を出して音を鳴らし、追い詰めて、もう行き場がなくなったところで鉄砲でズドンって感じかなと思ったんですが、この場面では、追い詰めたアオシシを、鉄砲ではなくて棍棒で撲殺するんですよ。鉄砲も用意はしているんですが、必要のない場面では鉄砲を撃たないんですね。

杏　もったいないからですか？

大倉　そう、もったいない。いきなり15ページ目でアオシシを撲殺して仕留めるんですね。もう、その15ページで心をがちっと摑まれます。そこから先はもう、この小説に翻弄されますよ。

杏　ドキュメンタリーではなく、小説なんですよね。

大倉　はい。この中では恋も、夜ばいも、挫折もあって、いろんなドラマが詰まっている

杏　ので、総合小説ともいえますが、やはり全体を見ると、山岳、あるいは狩猟小説なんですね。ものすごく面白い。ラストは圧巻です。

大倉　女性にもおすすめですか。

杏　すごく。特に杏ちゃんなんか、これ好きになるんじゃないの。

大倉　かなり読んでみたい本です。

杏　すごいんだよ。うん。ちょっとこの本は、圧倒されてこれ以上の説明はできないっていう感じです。

大倉　猟師といえば、私、先日猟師の免許取ったんです。

杏　おお（笑）、ついに。

大倉　猟師って言うと、「海?」って言われちゃうんですが、「漁師」の方ではなく、山のマタギの方の狩猟免許です。

杏　すごいことになりましたね、とうとう（笑）。

大倉　鉄砲の猟の免許を取ったんです。網とか罠のほか、猟銃の免許が2種類あって、その中の一つを取りました。

杏　どういう勉強すれば取れるの？　講習で山には入ったんですか？

大倉　いいえ。講習は座学がメインです。鉄砲を持ったときの歩き方や、マナーの問題があったり。あと、先ほどニホンカモシカを狩ったとありましたが、現在は狩猟対象動物ではありません。そういった狩っていいかどうか判断する「鳥獣判別」というのも試験に出ます。写真や絵の、紙芝居のようなものを見せられて5秒以内に答えなさい、とか。

**杏** うわ（笑）。すっごくハードル高い（笑）。

**大倉** これはニホンジカで、獲れますとか獲れませんとか答えるんですね。一応、覚えなきゃいけないマストな鳥獣は48種類くらい。もっと何百種類といるんですが、獲っていいのと悪いのとを覚える勉強をしました。ちびちびと一歩ずつ前に進んで、もしかしたら将来的にはマタギデビューするかもしれません。

**杏** 大体どのあたりを狙っているんですか？

**大倉** 今、シカが増えすぎて、大変な問題になっていますよね。鹿肉や、シカのよさが伝われば、もっと有効活用できると思いますし、害獣として狩られたシカが産業廃棄物としてただ捨てられてしまうという悲劇も起きています。それでは命がかわいそうというか。だからやっぱり、同じ命の数を減らすにしても、そのいただいた命をちゃんと循環させて食べたり使ったりするのに興味がありまして。

**杏** 本当にそうですね。いや、すばらしいね。

**大倉** 何より、おいしいんですけどね、鹿肉（笑）。

（2014.11.29 OA）

# 困惑しつつ納得する、未経験の小説体験！

## 『太陽・惑星』上田岳弘　新潮社

大倉　「小説とは虚構であるということを暴きながら、完全に小説として成立している小説」……くらい言わないと、説明できない作品です。上田岳弘さんの『太陽・惑星』。新人です。私にとって、この数年でもっとも困惑しつつ納得した、ある種衝撃的な一冊です。本当に驚きました。読んでいると、こういうことが言いたいんだなと、次から次にいろんな感想や印象が浮かんでくるんですが、読み進めるにしたがって、ある印象をもつと、必ずその真逆の感想も湧いてくる。たとえば……観念的でありつつ、きわめて具体的であるとか。混沌としつつも論理的であるとか。どろどろしながら乾いているとか。未来が過去形で語られるとか。悪辣でありながら正義が同居しているとか……。あと変わったところは、主人公はすべての登場人物だといえるところでしょうか。

杏　なんかこう、禅問答のような感じですね。

大倉　そうなんです。でも、これが実験小説のように、なんだかよくわからないもの読んじゃったな、という感じではなく、小説として成立している。ここが違うんですね。

杏　ちゃんと起承転結があるぞと。

大倉　うーん、起承転結といわれるとひるんでしまうんですが、この書き方、文体というのはこれまで僕は経験したことがない。

杏　これは短編なんですか？

大倉　中編です。「太陽」と「惑星」という別々の小説で、プロットもだいぶ違いますが、テーマは共通しています。「生きるということはなんだ」「人間というものの正体はなにか」「宇宙というものとどういう関わりがあるのか」など……。でも単純にそういう哲学的な問いを繰り返すのではなく、日常の具体的な話もそれに織り込まれてくるんですね。とにかくものっすごい衝撃。個人的にはガルシア＝マルケスの文体にすごく似ていると思うんですよ。ガルシア＝マルケスの作品はスペイン語で書かれているので、２つを比べるのがおかしいけど、とにかく似ている。

杏　考え方とかもってことですか。

大倉　うーん、考え方はちがうんですが、文体はすごく似ている。でも、ガルシア＝マルケスのような地域性や土俗性に縛られているのではないんですよ。最近ありがちな「純文学はこうあらねば」というような純文学の範囲で判断しないでほしい！と思います。

杏　カテゴリーとしては純文学ではないということですか？　帯にはＳＦとも書いてありますけど。

大倉　文学×ＳＦという言い方をしていますが、カテゴリーを完全に超えているんですよね。純文学の中には、過去ＳＦにカテゴライズされていたものも結構あるんですが、ここまであらゆるものを取り込んでしまった小説って見たことない。

杏　起承転結っていう内容でないとのことでしたが、わかりやすさみたいなのはあるのでしょうか？

大倉　戸惑う人はおそらく戸惑います。私もどういうふうに読み進めようかと思ったんですが、ちゃんと物語はできているんです。

杏　けして玄人向けというわけではない？

大倉　全然ちがいます。「ここでこう転がしていったか！」という驚きの連続です。舞台もどんどん変わるんですよ。たとえばアフリカの赤ちゃん工場。赤ちゃんを量産、つまり自分がいろんな女性にどんどん子どもを産ませ、売ってしまう。でもその生まれた赤ちゃんは人類をはるかに超えたＩＱの持ち主だったりするとか。そのほかにも、新宿のデリヘル、パリの蚤の市、インドの湖畔……と場所がどんどん移動していくんです。中編なのに、移動の仕方が半端じゃない。また、主人公は誰かと聞かれると非常に困るんです。登場人物全部ではないかと。

杏　現代の話ですか？　具体的な情報は書かれていないんですか。

大倉　いいとこつきますね。具体的なことも書かれているんですけど、それが造語だったりするので、一体いつの時代だと。……面白いと思ってもらえるかな。

杏　大倉さんは？

大倉　もう三重マル！！！　星３つです！　なかなか説明しにくいんだけど、絶対手に取ってほしいですね。

（2015.2.28 OA）

## 「戦争を知らない子供たち」に向けた、豪快すぎるメッセージ

『雑兵物語　おあむ物語　附おきく物語』中村通夫　湯沢幸吉郎（校訂）　岩波書店

杏　歴史を生きる人々にインタビューしていくテレビ番組「タイムスクープハンター」も真っ青のワイルドなインタビュー集です。最初の発行が1943年。中村通夫さん、湯沢幸吉郎さんの2人が校訂者としてまとめた『雑兵物語　おあむ物語　附おきく物語』です。戦国時代の終わりから、江戸時代のはじめのころに戦争を体験したおじいちゃん・おばあちゃんに話を聞いてみようというコンセプトの本です。江戸という太平の世になって戦というものを知らない世代が増えてきた。「戦争を知らない子供たち」ですね。ここで言う戦争というのは関ケ原の合戦や、戦国時代のことですが。『雑兵物語』で話を聞いているのは、当時の雑兵、たとえば足軽や槍持ち、馬を引っ張る人など一般の方々なんです。

大倉　ロジスティクスというか、荷物運んだりする人も入るんですね。それはとても聞いてみたい話だなぁ。

杏　しかも口語体で書いてあるんです。今はもうない漢字や、今の慣習とは異なるものには注釈をつけてあります。戦前の本なので旧字が多いのですが、口語体なのでなんとなく読めちゃう。ただ、５００年も前となると、同じ国でも感覚はまったくちがいます。たとえば、〝のどが渇いた場合はどうするかっていうとだなぁ、相手の血でもいいから口に含んだら、渇きが取れるぞ〟〝ただ、井戸だといろいろ投げ込まれている場合もある〟と書いてあるなど、日常的に命のやり取りをするような時代と現代では、大きく異なりますよね。あとちょっと面白かったのが、〝梅干しを思い浮かべればつばも出てくる〟というのもありました。

大倉　それは今も変わらないね（笑）。僕、いつも思うんですけど、武士以外の、農民などもずいぶん戦争に駆り出されていましたよね。そういう人々は田畑をほったらかして出なきゃいけない。こういうことに対する思いってどうだったんでしょう。

杏　うーん。でも、現代との死生観の違いというか、「凄惨さを伝えなければ！」「このような過ちを繰り返してはいけない！」というよりは、「死ぬって思うと死ななくて、死なないって思うと死ぬんだよな、ははは」と、豪快な感じなんですよね。太平の世にはなってきたけれども、戦がない世の中という感覚がそもそもないというか。一方、もう２つの「おあむ物語」と「おきく物語」は、当時の戦禍をかいくぐって生きた女性２人の回顧録です。「もう、最近の若い人たちは昔が大変だったのを知らないでしょう」と子どもたちに話したのが今に伝わっているようです。おあむさん、彦根の昔話をするから、「彦根婆」とか呼ばれちゃってたんですよ。

大倉　これはこういう体験をさせちゃいけないというよりは、逆にそういうときのために備えろよ、ということでしょうか。

杏　あとは「生き死にがすぐ近くにあったのよ、君たちはある意味幸せだと思いなさい」というところは現代の感覚にも通じているかもしれません。おあむさんは、夏の陣のとき石田三成方のお城の中にいて、当時子どもだったんですね。おきくさんは落城したときの大阪城の様子を語っている。女性目線なのでひらがなも多く、短いのでさらっと読める。でも、語っている内容は映像化は絶対できないだろうなという血なまぐささで。弟が鉄砲に打たれて亡くなってしまったとか、味方が取った首に化粧（お歯黒）をしなければならなかったとか。大阪城の様子ですと、逃げまどっていたら瓢箪が落ちて転がっていたと。千成瓢箪は豊臣の旗印ですから、これが落ちてたらもうだめだと、当時の豊臣方の内部事情的な風景が見えていたりとか。

大倉　現代の感覚とずいぶんな開きを感じますね。寿命が短かったのもあるのかな。人生50年ですからね。それより短い人もいっぱいいたでしょうからね、死ぬなら豪快にいってみようかというところがあったのかな。

（2015.4.4 OA）

## 夫婦の間の「伝わっているはずだ」の落とし穴

『永い言い訳』西川美和　文藝春秋

大倉　人生、取り返しがつかないことばかり。そんな本です。

杏　重い……。

大倉　重いよ。西川美和さんの『永い言い訳』です。簡単に言ってしまうと、そのときそのときで悔いなく生きていくしかないね、というオチになってしまうかもしれません。これは夫婦の話なんですよ。大学時代の顔見知りと結婚した主人公。小説を書きたかった彼は、妻に私が食わせてやるくらいの後押しをされて、会社をやめてしまいます。それできちんと食える小説家になるんですよ。しかし、夫婦がお互い支え合って楽しく暮らせるのは、一体どのくらいなんだろう、「いつまでも」が果たして続くのか、という状態になったときに、奥様が他界されてしまうんです。ところがこの主人公の作家は、そんなに悲しみを感じないんですよ。

杏　突然すぎて？

大倉　そこも曖昧なんですね。彼は外でも色々悪さをしていて、この人間はこれからどうやってこれを処理していくつもりなんだろう、と思いながら読んでいくうちに……という話です。僕は出張中に新幹線で読み終えたんですが、後半は泣きながら読みました。いちいち涙を拭くと周囲にばれてしまうので、涙をダラダラ流しながら。

杏　家で読んでいたら大変なことになっていましたね。

大倉　今までの西川さんの小説は、淡々と進むものが多かったので、なんとなく安心して読んでいたんですけれども、もう前半からきついきつい。後半になって、なるほど、なるほどどと。結局私がわかったのは、私は西川美和さんが大好きだということです。人間、みんな「ごめんなさい」とか「反省します」とか「もうしません」とかを大声で叫んでも、絶対に伝わらない思いがあるんですよ。

杏　「永い」というのがロングじゃなくて、永遠の方になっているんですよね。

大倉　この長尺の「長い」をつけていないのも、ものすごくちゃんと考えてある。お互いわかっているはずだとか、伝わっているはずだとか、信じているから大丈夫だとか、なかなか人間そうはいかないとこありますよね。でもやっぱり、きっちり伝えるべきことを伝えようとしないといけないんですよ。私も結婚生活が30年を超えましたが、相手のことをわかっているつもりで、なかなかわからないもんですよ。杏ちゃんはこれから長い夫婦生活を過ごしていくわけですよね。どうですか。

杏　ここはゴールじゃないね、というのはすごく話しています。やっと結婚できたね、という感じはありますが、ここはスタートであってゴールじゃないねと。

大倉　そういう話をたくさんした方がいいですよ。だんだん言わなくてもわかってるだろ、というふうになっちゃうと、本当は伝わってないことが出てきますから。

杏　そういえば、夫婦って一日トータルで3分以上会話した方がいいというのを見たんですよ。大倉さん、夫婦で3分話してます？

大倉　話してますよ。僕のところは晩飯を基本的には一緒に食べるというスタイルなんで、話はしますよ。

杏　我が家も3分くらいは話してるよね、と言っていたんですが、テレビを見ていたりするとその時間は含まれないわけで、3分を切るということもよくあるそうなんです。

大倉　そうなんだ、そうかもねー。

杏　でもたくさん話した方がいいですよね。

大倉　『永い言い訳』を読んでください。長く夫婦生活を続けている方も、これから続けていく方も、こんなんじゃだめだと思えますよ。ちゃんと会話をしていただきたい。伝わってないと思ったら、伝える努力をしてください。そういう本でございます。

（2015.5.2 OA）

## 本でなければ味わえない！「行けない」ガイドブック

『秘島図鑑』清水浩史　河出書房新社

杏　これぞ、本でなければ味わえないもの！　紹介するのは『秘島図鑑』です。

大倉　おお！　混浴ですか。

杏　「秘湯」ではありません（笑）。秘島、つまり秘められた島。副題はTHE BOOK OF SECRET ISLANDS IN JAPAN。しかも、行ける島ではなく、行けない島ガイドブックなんです！

大倉　上陸不可能な島ってことですか？

杏　はい。実はこういう島が、日本全国に7000以上あるらしいんですね。上陸が禁じられている場所もありますし、過疎化が進んでしまって今は誰もいない、という島もあったり。掲載されている中で有名なのは硫黄島です。あるいは物理的に接岸できないような島や、人は住んでいるんだけれども北方領土、竹島、尖閣諸島など、物理的・政治的に私たちが行くことのできない、いろいろな問題がおこっている島が紹介されていたり。私、こういうの大好きなんですよ〜！

大倉　そんなに島が好きなの？

杏　私、飛行機に乗るときに必ず窓際の席に座るんです。そうすると、行く場所によってはいろんな島々が見えますよね。「今目の前に見えているあの島は、何島なんだろう。あそこには人が住んでいるのかな、誰もいないのかな」と、機内でカメラが使えるようになると撮っておいて、あとで航空写真とかを見て、照らし合わせる。それで「私が見ていた島はこの名前の島だったんだ」って思うのが大好きなんです。

大倉　ほとんど島フェチだね。

杏　この本にも一部紹介されている伊豆七島なんて、上を通過すると、地図のまんまなんですよね。だからあとで調べなくても、あ、これはあの島だ、この島だ、すぐ近くにあれが見える！となるんですよ。それから、びっくりしたのが、「硫黄」という名のつく島と、「鳥」がつく島がたくさんあって、この本に出てくるだけでも二桁いくんじゃないかというくらい多いこと。日本は火山大国である所以もあって、硫黄が出る島も多いし、渡り鳥など鳥がいっぱいいる島も多いということで、たくさんこの名がついているんですね。

大倉　全然知らなかったよ、「硫黄鳥島」ってのもあるの（笑）！

杏　この本でまたいいのは、写真が島ごとについているところです。

大倉　すごくきれいに撮ってあるね。本当にとんがりコーンみたいなとんがった島もあるんですね。

杏　雨風に削られていくと、こうしてだんだん鋭利な形になっていくんですよね。この孀婦岩（そうふがん）という島の、ちょっと変わったロマン溢れるエピソードを紹介します。雑に削った鉛筆の芯だけが海からにょきっと出ているような形の、島というよりは岩なんですが、海抜100メートルくらいあるんです。ここに2003年に登ろうとした人々がいました。

大倉　すごい、絶壁だよ！

杏　接岸もできないので何度も何度もトライして、やっと登ったらしいんです。そこで彼らが見たものは……さびついた3本のハーケン！　先に誰か登っていた……。ああ、もうすごいロマン！

大倉　がっかりしたよね。

杏　かつて登頂したけれども、大々的に自慢しなかった人がいた、ということではないでしょうか。

大倉　粋な人たちだね。

杏　江戸時代やそれより前にもアホウドリの乱獲があったそうです。それでひと山あてた人もいれば、そのせいで絶滅しかけたり、絶滅した種もいたりとか。秘島って狭い空間だから、きっといろんなものが煮詰まっているんですよね。生態系とか、人間の欲望もそうだし。秘島のなかには開発会社が購入して入れないものもあり、開発されて丸禿になってしまったものもあり。古今東西考えさせられる本でもありました。

**大倉**　「ここきれいだよ」と海外のビーチかなんか紹介されても、海に汚水が入ったりしてるとこもあって、案外濁ったりしているんですよね。でも沖の島までちょっと行くと、ものすごいブルーにかわるでしょ。あれが好きでね。島のまわりの海は本当にどこもきれいですよ。僕も島、大好き。

**杏**　これはね、こういう本がなければ知ることもなければ、見ることもなかなかできない。私の大好きなジャンルでした。もうなんか、愛が深すぎて。

（2015.9.19 OA）

## 初心者にも！　〝はぁ〜、キュン♪〟とできる時代小説

### 『おさん』山本周五郎　新潮文庫

杏　読んだあと、いいため息をつける本です。

大倉　ため息？

杏　「ああ気持ちいいな」というさわやかな風がふわって吹いたような「はぁ〜」というため息です。山本周五郎さんの『おさん』という短編集。岸田今日子さんのエッセイ集『妄想の森』で紹介されていたので読んでみました。時代小説が10編入っていて、映像化された「その木戸を通って」という作品もあります。それは、ある日記憶喪失の女性が男性のもとへやってきたというところからはじまって、彼が「彼女の記憶が戻ってほしい、いや戻らないでいてくれ」と葛藤するような話なんですが。身分の差とか、社会の中でどうにもならないものがあるのが、現代が舞台のものとは大きく違う、時代小説特有の部分なんじゃないのかなと思います。この本はほとんどラブストーリーなんですね。

大倉　ラブストーリーだけなんですか？

杏　悲恋というか、切なさはすごくある。寒くない雨がふったあとのさわやかな感じというか、けしてハッピーエンドがたくさん詰まっているわけではないけれども、読後感がものすごくさわやかなんですよ。

大倉　「はぁ〜」って感じ？

杏　そう、いいものを読んだなぁとすっきり思えます。市井の人々の話が多く、「時は15XX年……」というような話ではないので、時代小説を読んだことのない方にもおすすめできます。もちろん歴史に触れる部分もありますが、人間の心の機微を描いています。ぐっときてはっと解き放たれるというか。

大倉　うまくいく恋はあるんですか？

杏　あるんです！　それも「はぁ〜」ってなります。以前、番組で山本周五郎さんの『樅ノ木は残った』を紹介しましたが、お家騒動を描いた重厚な男の歴史ロマンという印象があって。でもこの短編集がすごくエンターテインメントで、しかも女性もたくさん出てくるので、とても印象が変わったなと。昭和17年から37年までに書かれた小説なので、昔の小説なのですが、それでも読みづらさをまったく感じなかったです。

大倉　いいですね。記憶喪失の女性、どうなったかすっげー知りたい！

杏　はい（笑）。あと、読んでいてびっくりしたんですが、ひらがなが多いんです。最初の一編だけは戦国時代の関ケ原の話なんですが、それが一番ひらがなが多いという印象です。「めざましくはたらいたな」とか、すぐ漢字が浮かんでくるのに、全部ひらがなで書かれている。これわざとひらいていますよね。

大倉　本当だ！　読みやすくしたということかな、面白いね〜。意図的にやっているとしか思えないですね。

杏　はい。「おさん」という表題の作品は女性が主人公なので、その女性がしゃべっているつたない感じを出すためか、ひらがなが多いんですね。でも一方で、戦国時代の男同士を描いたものも、ひらがなが多用されていたりするので、いろんな人に楽しんでもらいたいという思いが、読みやすさにつながっているのかなと。

大倉　なるほど、入り口を広くしているという感じがしますね。僕も山本周五郎は何冊か短編集を読んでいますが、「主君に忠義を尽くします！」みたいなものが多かったんですよ。僕の頭の中の山本周五郎って堅い人のイメージでした。

杏　私もそうだったんです。でも「赤ひげシリーズ」は、こういう人情系の話ですもんね。

大倉　もしかしたら山本周五郎をやわらかい側面で捉えられている方も多いかもしれませんね。

杏　緩急自在だったということですね。

大倉　杏ちゃんは時代小説では、『おさん』のようなものより、どちらかというと男が前面に出てくるのが好きだったんじゃなかったんだっけ。

杏　新選組のような男性がうわーって出てくるのも好きですね。でも色恋が絡んでくると、身分とか社会っていうのが今の世の中よりもずーっと狭まって、今は絶対しないであろう切ない思いをするっていうのもキュンときます。これはかなりキュンの路線です。「はぁ～」っていう。よく女性の方に「何かおすすめの時代小説はありますか」と聞かれるんですが、『おさん』はぜひ女性に読んでもらいたいですね。おすすめできるラインナップにスタメンで入ってもらおう。

（2015.10.17 OA）

# 百戦百敗、七転八起の苦節の物語

『新幹線を走らせた男　国鉄総裁十河信二物語』髙橋団吉　デコ

杏　今回は、髙橋団吉さんの『新幹線を走らせた男』で、新幹線を作った当時の国鉄総裁、十河信二の物語です。2段組みで736ページと、大変ボリュームがあります。ただ、これだけの厚さ、重さ、長さは彼らの熱量と苦労と愛情ともいえます。

大倉　国鉄時代の記憶はもちろんありますが、誰が総裁だったかは全然知らないですね。

杏　十河さんは日露戦争のとき20歳。太平洋戦争が終わったときに61歳だったんです。戦後引退して、隠居していたんですね。そのあとさらに時を経て昭和30年に国鉄総裁になったのが71歳。「老いぼれ機関車め」などと言われながら、ゼロの状態から今の新幹線を走らせた。ところが、帯にも本文1行目にも書いてあるんですけれども、百戦百敗なんです。問題が山積み。線路の幅ひとつ取っても、今の線路よりもともと狭かったらしいんですね。外国からの安価な払い下げの線路で昔の規格のまま、日本は発展を遂げてしまった。また、国鉄は当然国営だったので、「官」なんですよね。この本でも「我田引鉄」と使っているんですが、政治家が自分の故郷にまで線路を引けば、得票数を稼げると利用もされた。

杏　それしか考えてなかったからね。

大倉　無人の土地まで線路を引いて、狭い幅のまま発展してしまったので、新幹線を新しく敷くとなって、なぜ今更予算をかけてそんなことをするのだと。世界の中でも、これから飛行機の時代で、鉄道を発展させる必要はないと言われていました。

大倉　大変な事業だよね。何か事故があったら何百人が死ぬんだぞみたいな議論が、当時も沸騰しました。

杏　新幹線は、これといった単独の事故って今に至るまでほとんどないんですよね。この本を読んで、新幹線を見る目が変わりました。反対する世論を説得する闘い。そして事故が起こってしまったときの補償の問題。この本はあくまで十河信二さんから見た苦節の物語なので、もう読みながらやきもきして……。戦後70周年を記念して出版されました。

大倉　杏ちゃんは、新幹線に最初に乗ったとき、不思議ではなかったですよね。

杏　生まれた頃からあったので……。

大倉　僕が最初に東京に来たときは、故郷の山口までは新幹線は通ってなかったんですよ。通ってからも、冬になると必ず雪で関ケ原で止まってしまう。ちょっと遅れると10

杏　時間以上かかるのはざらで、新幹線ってこんなものか……と思っていました。

大倉　新幹線ってローマ字にすればグローバルで通じるらしいですよね。あまりにもオリジナルだからそのままの方がぴったりくると。

杏　そうそう、通じます。あと、「夢の超特急」というキャッチフレーズがあったんですよ。希望が心の中に灯るようなワクワク感がありました。

大倉　デザインも、赤と青の両方のアイディアがあったらしいです。国を代表する超特急ができる場合、鉄道業界では国旗の色を反映させるという風潮があるそうですが、赤が基調だとほっこりしちゃうから、青にしたそうです。新しいぞ、速いぞ、と。

杏　百戦百敗の話なんですよね、どんなエピソードがありますか。

大倉　新幹線があるのが当たり前の時代からすると、作った方がいいじゃないかと思うんですけれども、当時の人の感情を考えると、先祖伝来の土地を明け渡すのかとか。東京―大阪は500キロ以上ありますから、隣はいくらで買ってもらったぞとか、土葬のお寺があったりすると全部掘り起こしてとか、大変だったようですね。

杏　罰当たりが！みたいなことですね。思いつかなかった。

大倉　「あぐらなんかかきやがって」「正座したらこっちが折れると思っているのか！」と、何をしても怒られる。ストレスで腹痛を訴える職員が続出したらしいです。

（2015.11.7 OA）

# 記憶のドアを開いて、50年前の自分に出会える本

## 『かえりみち』森洋子　トランスビュー

**大倉**　森洋子さんの『かえりみち』。文章も絵も森さんによる絵本です。この本を見た瞬間にごーんってきて、びっくりして。僕の小学生時代はまさにこれだ！と、一気に50年前、小学2年生ぐらいに引き戻されました。50年前というと、杏ちゃんは影も形も何にもないですが、僕は8歳でした。小学生の女の子が主人公で、その子の学校からの帰り道が描かれています。2つずつ絵があって、ひとつは現実世界と思われる絵、もうひとつは女の子にはこう見えてるかもしれないという絵なんです。

**杏**　対の絵になっているんですね。女の子の体勢だけはそのままで、風景が全く違うみたいな。

**大倉**　そう。踏切があって、女の子は階段の手すりにまたがって遊んでいて、近くにはパチンコ屋の開店の花がいっぱいあったりと、ぐちゃっとした雰囲気。このままのものを見たわけではないけれど、あ、これは僕の中の記憶の景色と合致している、原

杏　風景だという、そういう強烈な印象です。

大倉　よく子どもがやる、横断歩道の白い部分だけを踏んで渡るとか、レンガでできた太いラインを踏まずに行けたら大丈夫とかっていうたぐいを可視化した感じでしょうか。

杏　そうそう、そういうことなんですよ。現実世界の絵がある一方で、対になるのは、たとえばジャングル。水牛がいっぱいいて、ゾウなんかもいて。もしかしたらこの女の子は実際の現実の世界を、こういうイメージを持って歩いてるのかもしれないと思えるような絵が出てくるんです。

大倉　こういう、割れたガラスの瓶のかけらが落ちているだけでも、それが宝石になったりするような感覚って小学3年生ぐらいまでですよね。

杏　まあ、そうだよね。これを見て思い出したのは、僕、小学校までの道がすごく遠かった記憶があるんですよ。ずっと歩きで、そこに行くまでにいろんな危険や何かがいつも待ち構えているような気がずっとしていました。大人になって歩くと5分ぐらいだったんです。こんな短い道にいったい僕は何を期待したり、恐怖を感じたりしていたのかっていうのがわからない。でも、この絵本を見て、すっとそれが理解できた。こんな感じだったんだって。

私は、小学校は東京で、電車通学でしたが、電車を降りてから学校までとか、家から電車に乗る前までは、それぞれ1キロぐらいずつ歩きました。友達と遊びながら帰って、楽しかったですね。「ここには何とか婆がいる、危ない！」みたいな（笑）。渋谷だったので、地面に落書きみたいな、ペイントがあるんですよ。そのとき流行っていたのが、ペイントを5つ見つけたら何かあるとか、見つけちゃいけないとか。

大倉　そうか（笑）、田舎の子の特権だったみたいな気がしていたけど、違うんだね、東京は東京なりにあるんだね。

杏　ありますあります。あと、家から駅の間は自分ルールなんですね。この線から落ちたらいけないとか、ここは必ず右足から行かなければならないとか、ありましたね。あと危ないけど、自転車に乗ってるときに、どれだけこがずに行けるか。どんどん思い出してきますね。

大倉　出てくる出てくる。この絵本って、そうやっていろんな忘れていた記憶をよみがえらせる装置のような感じがするんですよ。本当に薄い本で、税別で1600円なんで、高いと思うか安いと思うかは人によりますけど、そういう装置を買うと考えたらいいんじゃないかなという気がします。

杏　今みたいに会話が広がる本ですね。

大倉　そうなんですよ。ところで、怖さとわくわく感って同居してるような気がしませんか。僕の故郷は、すごく田舎でしたから、山の中に野イチゴを摘みに行くと、どこにいるかわかんなくなるんです。しかも、その野イチゴの木の周辺は足場が悪いから、つい木をつかんじゃう。そうするととげで両手が血だらけになるんです。でもやっぱり野イチゴを見つけると、すべて忘れて、山のように野イチゴを持って帰ってむしゃむしゃ食べると。

杏　いいなあ。

大倉　怖さと、行きたくてしょうがない、がない交ぜになってる感じ。登下校の話じゃないけど。未体験の話とかを聞くと、すっごく行きたくなるのと、そこに行って大丈夫かなという気持ちがいつも同居していた気がします。

杏　私も、子どもの頃に比べて、幽霊が怖くなくなったなと思います。あと、小さい頃にいた駅とかに大人になって行くと、すごく不思議な気持ちになりませんか。

大倉　すっごくなる！　とんでもなく大きくて、どこに何があるかわかんないみたいな駅だったのが、たったこんだけか、みたいな。

杏　私、学生の頃は三軒茶屋だったんです。子どもの頃は何とも思ってなかったんですけど、三茶の駅の天井が低くてびっくりしました。……これ止まらないですね。一気に開けてくれますね、ドアを。

大倉　ページをめくると、どうしても家に置きたくなるような一冊だと思います。

(2015.11.7 OA)

# 自由すぎる女性アナーキストのぶっとび評伝

## 『村に火をつけ、白痴になれ　伊藤野枝伝』栗原康　岩波書店

大倉　殺されたアナーキストの評伝がこんなに面白くていいんだろうか！……という本です。政治学者の栗原康さんによる、『村に火をつけ、白痴になれ　伊藤野枝伝』。そもそも、アナーキストって言葉を最近聞かないですよね。

杏　しかも殺された……。過激ですね。

大倉　アナーキストとは、基本的には過激派ですが、無政府主義者のことです。この時代のアナーキストは社会主義者と一体というイメージが強いですね。完全な無政府状態がいいということでもない人が多かったようです。伊藤野枝と聞いてもぴんとこない方も多いでしょうか。アナーキストの大杉栄は聞いたことがあるかもしれませんね。伊藤野枝は、大杉栄のパートナーだった女性です。大杉栄と伊藤野枝と、大杉の甥は、関東大震災後の混乱に乗じて甘粕正彦大尉に捕らえられ、虐殺されました。いわゆる甘粕事件です。いろんなデマが飛び交い、多くの朝鮮人の方が殺され

るなど、大変混乱していました。

杏　そういえば吉村昭さんの関東大震災の本にも出てきました。

大倉　この甘粕大尉も謎の人物で、３人を自分一人で殺したというわりに、懲役わずか３年で出てきた。その後満州にわたり、満鉄や満洲映画協会の設立に関わっています。ただ、この本では甘粕事件についてはあまり触れられていません。伊藤野枝の生まれてから死ぬまでが描かれています。伊藤野枝はかなりモテたというか、写真を見てもおきれいなんですね。非常に自由な性格で、いろんな男性と奔放に関係を持っていたと言われています。お父さんは非常に腕のいい瓦職人だったのですが、仕事は面倒だとあまり働かなかったそうです。何をやっていたかというと、生け花と三味線。しかもプロ級。そういう自由なお父さんにお前も好きに生きろ、とインプットされて、伊藤野枝が仕上がったという風にも思えます。

杏　時代柄もあるし、女性ということもあって、反発も多かったのではないですか？

大倉　それは多かったでしょう。その上、雑誌「青鞜」で平塚らいてうに目をかけられて連載をはじめるんですが、そこに過激なことを書きまくっています。当時は、女は家にいろよ、男のいうこと聞いとけよ、という時代ですが、平塚らいてう自身が「ふざけるな、そんな意見は無視！」というような考えでしたし、伊藤野枝も、貞操とはなんだ、それは娼婦と一緒じゃないか、などと書いていました。

杏　浮気も男性は罪に問われないのに、女性は法律違反という時代ですもんね。

大倉　他にも、堕胎論争、廃娼論争などなど、言いたい放題言いまくるわけですよ。さらに社会主義者、アナーキストの思想が混ざってかなり過激だったのもあり、大杉栄と一緒に殺されてしまいます。栗原さんの著書、『はたらかないで、たらふく食べたい』がすごく面白かったのですが、こんな評伝あるのか！とぶっとびました。評伝というのは客観的に対象を見るものですよね。彼は政治学者ですし、もちろん細かく調べてあるのですが、栗原さんが伊藤野枝に取憑かれたか、あるいはなりきっているかのように渾然一体となっている。客観性はまったくありません。

杏　本には伊藤野枝の年表もありますが、「国家の犬どもにぶっ殺されたのである。チキショウ！」などとある。客観的ではない部分が個性的な文体です。

大倉　同一化しているというんですかね。野枝がちょっと悲しい目に遭ったりすると、〃チキショー、なんでこんな目に遭わなければいけないのか、くそくそくそ！〃というようなことを書いてあったりとか。合う合わないはあると思いますが、私は完全にありだと思いました。ここまで面白くしたらもう何でもいいんじゃないのと。

杏　野にある枝、彼女にぴったりの名前ですね。

大倉　そうなんです、いい名前ですよね。

（2016.8.13 OA）

## 戦後まもない日常のつぶやきから感じる戦争の真実

『婦人の新聞投稿欄「紅皿」集 戦争とおはぎとグリンピース』西日本新聞社編 西日本新聞社

杏 「これは、私や！」という本です。『戦争とおはぎとグリンピース』といって、西日本新聞社が編集しています。西日本新聞の婦人読者の投稿欄「紅皿」は、ご婦人の皆様に日々の経験や意見、主張など、あらゆる声を聴かせてほしいということで１９５４年、昭和29年からはじまったものなんですね。大体そこから10年間くらいに投稿されたものから抜粋した本です。昭和29年といえば第二次世界大戦が終わって９年。まだまだ傷が癒えていない状態の生活なんですよね。ただ、冷蔵庫だとか洗濯機だとかの三種の神器が出てきたころで、経済も上向きになってきたという、助走段階ですがどんどん動き出している時期ですね。再軍備の話も出てきたり。自衛隊ができるころですかね。

大倉 自衛隊の前身の、警察予備隊ができた後ですね。

杏 そうした変化がある中で、日常を大事にしているというか。生きている人は生きている人で、生きていてよかったな、と。亡くしてしまった命があまりにもまだ近い時代なんですね。戦争を繰り返しちゃいけないとか、まだまだ乗り越えられないものもあるというのがすごく近い時代です。さっき「これは、私や！」と言ったのは、ちょうど朝ドラ「ごちそうさん」も、作中でやがて戦後の時代になっていくんですね。戦中戦後の格好って、みんな大体同じ髪型、同じようなもんぺを着てっていう姿なんです。この本の表紙に描かれている2人の女性の絵もそうなんですけれども。

大倉　他の格好してると怒られちゃったんですね、たぶんね。

杏　彼女たちの姿がそのときの自分がしていた格好と似ていて、お芝居なのでリアルタイムじゃないですけれども、体験していたような気持ちになって、はっと思って手に取ったんです。

大倉　しかし2016年の発売なんですね。書かれているのはずっと昔ですけれども、いいタイミングで出したもんだなと。

杏　つらいことはあるけれども、家族が好きだったおはぎを作っているとまぶたが熱くなってくる、ということが書いてあったり。日常に戻ろうと頑張っている姿や、今あるものを愛おしむとか、亡くしたものを深い哀しみとともに愛おしむとか。まだまだ過去のものではないんだなと思います。

大倉　自分でそういう時代の役を演じたことで、役に入り込んでいると近い感情を抱いたりするんですか？

杏　「ごちそうさん」は食べ物がすごく密接にかかわるドラマで、戦争に出た息子が「あれが食べたかった、これがおいしかった」というメニューを手帳に書いていたという実話が下敷きになっているんです。あと最近自分が親になってみて、本当にいろいろ考えさせられるタイミングでした。そうした日常に戻ろうとしている女性たちの話を抜粋すると結構いっぱいあるのですが、「とにかくごはんが食べられるようになった。『もう6杯目だぞ』と息子が弟に言うことがありました。あれから13年たちましたが、もうあんな思いは子どもたちにさせたくないですね」とか、「10年たってやっと新婚旅行に行ってきます」とか。あと、基本的な子どもの絶対数がすごい多いんですよね。8人育てたとか、4人いますとか。「お父さんは帰ってこないし、8人育てなければならない」「お金もかつかつで、知人の奥さんと協力して日々暮らしています」とか。「ついお父さんがいない責任感から、子どもにきつくあたってしまって反省している」というお母さんの投稿だとか。こんなことがあったから聞いてほしい、という強い思いじゃなくて、ぽつぽつっていう感じが逆にひびくんですね。

大倉　日常の話の中に我々が感じ取れるところがたくさんあるという感じですかね。気になってるんだけど、グリンピースってどこで出てくるんですか。

杏　「グリンピースの含め煮をもらった」とか、お母さんとの思い出というか、「こういう風に庭先に広げてこんな料理を作ってくれたなというのを思いだします」という感じです。ほかにもじゃがいもやカレーや包丁がどうしたとか。

大倉　ぼくは昭和32年生まれなんですけど、昭和30年代におふくろがグリンピースごはんたくさん炊いてたんですよ。僕はそれがだいっきらいで、グリンピースごはんだけはやめてくれって思いがあって。

杏　確かに私も子どものころは苦手でした。けどそんなことも言ってられないよ、そういうのもありがたいと思って食べましょうと。

大倉　うちのおふくろは今84歳で元気なんですけど、「ちゃんと語りつげてないんじゃないか」と常に言っているんですよ。「とにかく全部伝えたい。戦争中に軍人があんなにいばってて、あんな世界はもう絶対にみたくない」と繰り返し言うんですね。よっぽどいやな思い出があったみたいで。戦争が終わったと聞いたときは「もうあの連中にどなられないですむ」と思ったという、率直な話を聞いたことがあります。

杏　今の日本に住んでいたら、死ぬかもしれないと思わないですからね。思いを馳せることが大事ですよね。

大倉　戦争ってニュースで聞いているのとは全然違う。人が死にますからね。おふくろは機銃掃射を受けたことがあるんです。亡くなるということは、ついさっきまで生きていた、話していた人がいなくなる、ということ。銃創もひどくて。そういうものを見ることがなくなってしまい、戦争がどういうものかというイマジネーションがわかなくなってきていると思うんですね。
実際問題、世界では戦争は続いていて、この瞬間も解決していないですもんね。過去のものではなく、触れて感じましょう。

(2016.10.29 OA)

杏

## 自らが問われる、究極の選択

『テロ』フェルディナント・フォン・シーラッハ　東京創元社

**大倉**　「あなたなら、どうする？と聞かれても……」という本です。フェルディナント・フォン・シーラッハの『テロ』。テロというと、いわゆるイスラム過激派によるテロを想像する方が多いと思いますし、それにかかわる部分もありますが、イスラム過激派の是非については触れられていません。テロ事件を追った小説ではなく、最初から最後まで舞台は法廷で、裁判の様子が描かれているんです。しかも、戯曲形式になっています。内容は極めて単純かつ非常に悩ましい。もちろんフィクションですが、２０１３年にドイツ上空で、１６４人の乗客乗務員が乗っている旅客機がテロリストによってハイジャックされます。パイロットを通じて管制塔に連絡があったけれども、すぐに通信が切られてしまう。狙われたのは、ドイツで行われているイギリス対ドイツのサッカーの試合で、既に7万人が集まって大熱狂しているところに、旅客機を墜落させるつもりだと。そこでパトロール中だった戦闘機のパイ

杏　ロットに、旅客機へ警告を発せよという命令が出ます。でも、旅客機の通信は切られていて、全く返答がない。もう旅客機を撃ち落とさないとスタジアムに突っ込んでしまうというところで、彼は独断で旅客機を撃ち落とします。実はドイツには、罪のない人間が乗った旅客機を撃墜してはならないという法律があるんですね。そんな彼の行為を裁く法廷劇なんです。

大倉　旅客機の乗客164人＋スタジアムにいる7万人の命と、旅客機の乗客だけの命という究極の2択。どの道、多くの命が失われるけれども、単純にその人数の差ですよね。

杏　旅客機はスタジアムに墜落してしまうわけですから、その場で撃ち落とさなければ、164人はいずれにしろ数分後には亡くなる運命にある。これ、どうしますか。

大倉　難しい……。でもどちらを選んでも旅客機の人たちは亡くなってしまうと考えると、パイロットの行動もわからなくないような。

杏　ただ、もしかしたら乗客がコックピットに突入して、テロリストを押さえ込めていたかもしれないという可能性もなくはない。

大倉　そうすると、誰も死なないで済むという可能性もゼロではないんですね。

杏　彼の行為は正義なのかと。この本の帯には、「英雄か？　罪人か？」というふうに出ているんですけれどもね。

杏　あとからの視点で判断できたら、どんなにいいかというようなケースですね。

大倉　このパイロットは、模範中の模範と言われてもいいぐらいの立派な兵士なんです。

杏　たまたまここに出撃しろって言われたのが彼だったっていうだけで、テロには本来は全く関係ない立場ですよね。

大倉　全く関係ありません。マイケル・サンデルの本で、5人を助けられる場面があるとして、そのときに1人が死ななければいけない場合、どっちを取りますかという究極の選択の話があります。全く何の過失もない人間が1人死ぬことで、5人が助けられる。これは正義かというような問いかけをしていましたが、似たような話だなと。

杏　例えばそれが自分一人が死ねば1万人助かりますよって言われたらっていうのも、つい嫌だって思っちゃいますよね。例えば一人につき4人家族がいて、10人友達がいるとしますよね。私一人が死ぬのなら悲しむのは14人だけど、それが1万人死んだら、14万人になると考えると……。でも本当に今この平和な世の中で、なかなか考えるに至らないことですね。そういう大きな問いかけを、この本はしているわけですね。

大倉　そうなんです。決して手に汗を握って読むような本ではなく、ずっと考えながら読む本なんですよ。この場合はどうなる？　この可能性はないのかとか、じゃあ、こっちは？と考えながら読む。文字が詰まっている本ではないので、十分に自分がどう考えるかをまとめる時間もあるような、そんな本です。例えば、今、中東、それからアフリカ、リビアあたりから地中海を渡ってヨーロッパへ脱出しようとしている難民が何十万人もいる。最初は受け入れていたところも、もはや限界のため、漂流している船を見つけても、あえて救助しないという選択をすることが起きていますが、これちょっと似てませんか。

杏　そうですね。

大倉　今、ヨーロッパはぎりぎりの状態で、ドイツはたくさん受け入れましたが、これ以上は無理だと言って、メルケル首相が強く非難を浴びています。イギリスがブレグジット（ＥＵからのイギリス脱退）に踏み切ったのも、これ以上難民を受け入れるのをやめるため、というところもありましたね。じゃあ日本は、どれだけ受け入れているかというと、ほとんど受け入れていません。実は我々は究極の判断にさらされているんじゃないかと思ったんですよ。

杏　近い将来、絶対に目の前に突きつけられる問題ですよね。

大倉　そう。この本を読んで、そういうことって僕らが知らないからシャットアウトしてるだけで、問い続けられているのだという気がしましたね。

（2016.11.26 OA）

# 楽しさと緊張感と　～おわりにかえて～

J－WAVEがまだ存在していなかった頃、私はJ－WAVEの仕事をしていた。夢の話じゃなくて、本当にあったこと。

ようやく開局前のエフエムジャパン（当時のJ－WAVEの正式社名）という会社ができたときには、社員のように居座り、私より若けりゃ社員は呼び捨て、歳上の人には敬語は使うが、言いたいことはすべて言わせてもらうという傍若無人な30歳だったあの頃。なんとあれから30年経っても、まだJ－WAVEをうろついている。

違っているのはブースの外にいたのが、中で話していることか。

結局、私はこの放送局に育てられ、いつまでも離れられずにいるわけである。

いくら忙しくても、本だけは手放せず、仕事より本という生活は一部で顰蹙をかっていたけど、それが許されないなら会社なんか辞めればいいと居直った。

ロンドンで暮らしていた時期には英語の小説も読んだけど、日本から半年に一度大量に本を送ってもらって、ひたすら乱読。

それがまさかこの番組に繋がるとは思わなんだ。

杏さんと初めて会った時は正直戸惑った。21歳にはなっていたけど、50歳だった私から見ればまだ少女の印象で、どんな本を読んでいるのか見当がつかない。その打ち合わせのあとにスタッフ全員でご飯を食べた。そこで本棚に並んでいる本を聞いてビールを吹いた。

「新選組の本なら一通り揃っています」

とんでもないバケモンとタッグを組まされたと怖じ気づいたのは私であった。

酒を飲めばどうにかなるんだろうけど、酔っぱらって放送はできないから、シラフで闘わなければならない。しかし、闘わなければいい、と私はすぐに気がついた。気が楽になる方法だけは長年の経験で身に付けていたのだった。

どこに話が向かうのかわからないこの原稿のない番組は、杏さんと私が全く対等の立場で話をして、成り立っている。

ときどき完全に打ちのめされてしまうが、もう慣れてしまった。

話をしている時は楽しいのだけど、番組が終わると今でもがっくり疲れを感じる。この本でそんな楽しさと緊張感を感じとってもらえたなら、この上なく幸せである。

大倉眞一郎

# BOOK BAR　巻末スペシャル対談

2008年4月5日にはじまったBOOK BAR。二人とも聞き直したことがないという、幻の第1回目を二人で聞いてから語った対談をお送りします。

## ●10年をふりかえって

大倉　第1回目の放送の杏ちゃん、声が若い（笑）！　少女の声だ。

杏　当時21歳ですしね。でも大倉さんも若いですよね。

大倉　当時50歳。僕も声変わってますか。

杏　若干。

大倉　杏ちゃん、ちゃんと話してるじゃないですか。文体についてとか。

杏　はい、思ってたよりも。もっとやばいかと思った（笑）。でもやっぱり、切り返せてないですね。しゃべり方も、もそもそっとしてるというか。

大倉　杏ちゃん声小さかったよね。

杏　お芝居始めてから発声が変わったんじゃないかと思います。

大倉　でも小さい声もかわいいね。

杏　本当ですか。大倉さんと声の大きさを合わせるのに、スタッフの方がマイクのレベルをひと工夫しなきゃいけなかったというのは聞きました。

大倉　みたいですね。

杏　最初の2、3カ月は、番組で決めたテーマに沿ってセレクトしていました。第1回目、第2回目のテーマは、「旅に持っていく本」。

大倉　旅の話をしながら、本の話を重ねていくはずが、あんまりうまくいかなかったんだよね。

杏　それで、テーマを絞らないほうが、逆に話が広がるんじゃないかと、ノンテーマ主流で、たまにテーマを設けるようになりました。

大倉　この時、杏ちゃんはスタジオで話すのが初めてでしたよね。よくこれだけ話せたね。

杏　いやいや、だから大倉さんがインタビュアーになっちゃってましたよね（笑）。クロスしていない。

大倉　やっぱりおじさんは、若い子が珍しかったんだよ。初回だから余計、杏ちゃんがどういう人かを探りたかったんです。杏ちゃんは僕のことを探りたくなかったのかもしれない（笑）。

杏　スキルがなくて探れなかったんですよ。今のクロストークのスタイルは、この10年の積み重ねがあったから、徐々にできてきたんでしょうね。

●本のセレクト

杏　第1回目では、大倉さんはトーマス・マンの『魔の山』を、私はちょうど大河ドラマになっていた、宮尾登美子さんの『天璋院篤姫』を紹介しました。

大倉　その翌週に中上健次の『異族』を持ってきて、この辺からディレクターの顔が少しずつ変わってきました。

杏　大倉さんは結構ハードな本が多くて。私の第2回目は村上春樹さんで、エンタメ系を最初から攻めていました。この10年間、本を選び続けて、スタイルなど変わりましたか？

大倉　僕は昔からジャンルを決めないで読むタイプで。ただ、恋愛物やミステリーは、割と苦手かなと思ってたんですが、最近はちょっと手を出してます。そこは少し変わったかな。

杏　やっぱり大倉さんといえば翻訳物。しかもアメリカやフランスなどではない国の文学とかも多いですよね。

大倉　ひねくれてるようなね（笑）。日本文学もすごく好きなんですが、最近は翻訳物を読みたいという欲求が、ますます強くなってきたなあ。

杏　大倉さんの紹介する本は、自分じゃ多分、手に取らなかっただろうなとか、存在に気がつけなかっただろうなっていうものが多いです。

大倉　年の差が年の差ですからね。

杏　経験値の違いというか。私は時代小説のセレクトが多いんですが、最初の2008年はたった3冊なんですよね。

大倉　これはなぜですか。

杏　多分、ネコかぶってたのかな（笑）。私、2009年に「歴女」で流行語大賞をもらったんですよ。それで、その年は3冊から11冊に跳ね上がって、その後も1年の中での時代物率が順調に増えていってるんですよね。

大倉　やっぱり一旦そういう称号を得ると。

杏　開き直った感がすごいですね（笑）。

大倉　でも持ってくる本が面白いんだよね。時代物といっても、意外にちょっと違う方面からセレクトしてきますよね。

杏　学術書や、写真集みたいなのも紹介し

ています。

大倉　そうですね。あと、外に出ていっちゃったみたいなのが大好きだよね。

杏　はい。『大黒屋光太夫』（P95）とか、鎖国中に外に行ったよ、みたいな人が好きでしたね。あとは、これBOOK BARにいいかな、と普段選ばない本を手に取るようになりました。

大倉　それはありますね。

杏　前は、好きな作家ができたら、その人の本ばっかり読んでいたけど、やっぱり多少ばらつきがあったほうがいいだろうなと、読んだことのない人の本も手に取るようになりました。

大倉　そうですね。でもそのおかげで、好きな作家の本は、時間ができたときに読もうと積ん読になっちゃうんです。

杏　そう。あと私はそのときやっているお芝居の作品が、もろにセレクトに反映されます。原作本ですとか。

大倉　それはわかっていました（笑）。それはしょうがないよなあと。

杏　たとえば朝ドラの「ごちそうさん」近辺は、もう食べ物の本ばっかりで。

大倉　その時は、杏ちゃんが本を持ってくると、また食いもんだよみたいな（笑）。でも出演番組やドラマに即したものもそうですけど、テーマ周辺も、いつもよく調べるよね。

杏　調べれば調べるほど、安心材料になるというか、不意の変化球に対応できるような気がして。

大倉　なるほどね。この後ろに、これまで紹介した本がずらーっと並んだリストがあります。どえらいページを食って、もったいないなっていう気もしたんですが、でもこれを見ると、杏ちゃんがこのときどんな役を演じてたかってい

杏　うのもわかるよね（笑）。

大倉　照らし合わせても面白いかもしれないですね。あとは漫画がテーマのとき、私と大倉さんの立場が逆転することも。「あ、それ？　なるほど、大倉さん、それを選んだんですね」って（笑）。もうすっごく上から目線っていうか、ふーんみたいな感じでね。圧力を感じるんですよ。

杏　大倉さんは、毎回漫画特集の前は、漫画を探しに行くんですよね。

大倉　本当に泥縄で見つけています。

杏　私は読んだ中から、あれにしようかな、みたいに探すので。

大倉　余裕の差だね。

杏　普段は逆なんです。テーマがあると、私は悩んで、大倉さんは結構、読んだ中からどれにしようっていう。

大倉　まだそのぐらいの余裕はありますからね。漫画のセレクトは本当に苦労しておりますが、そのおかげで漫画ってこんなに面白いのかと。昔はあれだけ漫画少年だったのに、忘れていたんですね。知らなかったんです。こんな漫画まで出てきちゃう世の中になってたのかっていうことに気がつかせてくれたのは、杏ちゃんです。

### ●思いもよらない話になるのが魅力

杏　人に紹介するために本を読むって、すごい読み方が変わりませんか。

大倉　そうだなあ。あんまり人に紹介するために読む、という読み方はしたくないなと思いながら読んでいますが、否めないところではあります。

杏　ラジオだから声だけで、普段本を読まない人や、その本をまだ読んだことのない人に、「これがいいんですよ」と

大倉　作品を伝える工夫やコツというか。
これはすごく迷いました。始まって数カ月たった頃、プロデューサーとディレクターから「大倉さんの紹介する本、誰も読まないですよ。いくら説明しても、大学の先生の話を聞いてるみたいです」って言われてしまって。
杏　そんな早く言われちゃった（笑）。
大倉　どうやって紹介すればいいだろうと追い詰められました。そもそもBOOK BARは、書評番組ではないので。
杏　そう、四方山話番組なんですよね。
大倉　読書って、たった1人での経験なわけでしょ。だから、自分の感じたことを、いかにうまくまとめて伝えられるかはすごく考えますね。
杏　あらすじの解説で終わってしまうと、ただの紹介になっちゃうから、どう感じて、そういえばっていうところが大事な部分だと思っています。
大倉　そうそう。本を読むと、そこからいろんなことを考えるじゃないですか。それが面白いなあと思っていつも番組をやっています。
杏　大倉さんとクロストークをしていて、思いもよらない方向に会話がいくこと、しょっちゅうですよね。最初ざっくりと物語の舞台は説明するけど、知らない間に子どもの頃の話とかになってたりとか。
大倉　でも〝BOOK BAR〟ですからね。お酒をちょっと飲みながらする話って、そんなことじゃないの？
杏　そうですね。
大倉　そういうやり取りが楽しいですね。ぜひ本書を読んでくださったみなさんにも、その楽しさを感じていただけたらと思います。

# BOOK BAR紹介書籍リスト（2008〜2017年）

杏セレクト　　大倉セレクト　　杏・大倉セレクト

★：本書で紹介した書籍　　♛：BOOK BAR 大賞

| | 放送日 | 書名 | 著者 | 出版社 | |
|---|---|---|---|---|---|
| | **2008年** | | | | |
| | 4月 5日 | 天璋院篤姫 | 宮尾登美子 | 講談社文庫 | |
| | 4月 5日 | 魔の山 | トーマス・マン | 新潮文庫 | |
| | 4月12日 | ねじまき鳥クロニクル | 村上春樹 | 新潮文庫 | |
| | 4月12日 | 異族 | 中上健次 | 小学館文庫 | |
| | 4月19日 | 求めない | 加島祥造 | 小学館文庫 | |
| | 4月19日 | ものぐさ精神分析 | 岸田秀 | 中公文庫 | |
| | 4月26日 | 食堂かたつむり | 小川糸 | ポプラ文庫 | |
| | 4月26日 | 私の食物誌 | 池田彌三郎 | 岩波書店 | |
| | 5月 3日 | つばさよつばさ | 浅田次郎 | 集英社文庫 | |
| | 5月 3日 | 適当日記 | 高田純次 | ダイヤモンド社 | |
| ★ | 5月10日 | 幕末新選組 | 池波正太郎 | 文春文庫 | →P14 |
| | 5月10日 | 影武者徳川家康 | 隆慶一郎 | 新潮文庫 | |
| | 5月17日 | 天使の卵 | 村山由佳 | 集英社文庫 | |
| | 5月17日 | 君を見上げて | 山田太一 | 新潮文庫 | |
| | 5月24日 | やわらかな心をもつ　ぼくたちふたりの運・鈍・根 | 小澤征爾／広中平祐／萩元晴彦 | 新潮文庫 | |
| | 5月24日 | 夜と女と毛沢東 | 吉本隆明／辺見庸 | 光文社文庫 | |
| | 5月31日 | 仏果を得ず | 三浦しをん | 双葉文庫 | |
| ★ | 5月31日 | 幸運な宇宙 | ポール・デイヴィス | 日経BP社 | →P19 |
| ★ | 6月 7日 | カラフル | 森絵都 | 講談社 | →P22 |
| | 6月 7日 | 夢十夜　他二篇 | 夏目漱石 | 岩波文庫 | |
| ★ | 6月14日 | 前世への冒険　ルネサンスの天才彫刻家を追って | 森下典子 | 知恵の森文庫 | →P27 |
| | 6月14日 | エリック・クラプトン自伝 | エリック・クラプトン | イースト・プレス | |
| ♛ | 6月21日 | オリンピック全大会　人と時代と夢の物語 | 武田薫 | 朝日選書 | |
| | 6月21日 | 素晴らしきラジオ体操 | 髙橋秀実 | 草思社文庫 | |
| | 6月28日 | クライマーズ・ハイ | 横山秀夫 | 文春文庫 | |
| ♛★ | 6月28日 | ぼくと1ルピーの神様 | ヴィカス・スワラップ | ランダムハウス講談社 | →P30 |
| | 7月 5日 | 家族八景 | 筒井康隆 | 新潮文庫 | |
| | 7月 5日 | ネパールに生きる　揺れる王国の人びと | 八木澤高明 | 新泉社 | |
| | 7月12日 | チリ・ペルー・ボリビア酒紀行！ | 江口まゆみ | アリアドネ企画 | |
| | 7月12日 | ゴールデンスランバー | 伊坂幸太郎 | 新潮文庫 | |
| | 7月19日 | 長人鬼 | 高橋克彦 | 日経文芸文庫 | |
| | 7月19日 | ローマ人の物語1（ローマは一日にして成らず[上]）〜43（ローマ世界の終焉[下]） | 塩野七生 | 新潮文庫 | |
| | 7月26日 | 砂の女 | 安部公房 | 新潮文庫 | |
| | 7月26日 | 悪女について | 有吉佐和子 | 新潮文庫 | |
| | 8月 2日 | 親指の恋人 | 石田衣良 | 角川文庫 | |

気合い入りまくり。

私の脳味噌の半分は岸田秀でできている。

中学生の時読んでドキドキした…

文楽×青春！

まさかの実写化で伊・フィレンツェへ!!

大好き超能力シリーズ

| | | | |
|---|---|---|---|
| 8月 2日 | ルポ　貧困大国アメリカ | 堤未果 | 岩波新書 |
| 8月 9日 | 増補版　ぐっとくる題名 | ブルボン小林 | 中公文庫 |
| 8月 9日 | 国マニア　世界の珍国、奇妙な地域へ！ | 吉田一郎 | ちくま文庫 |
| 8月16日 | 最後の早慶戦　学徒出陣　還らざる球友に捧げる | 笠原和夫／松尾俊治 | ベースボール・マガジン社 |
| 8月16日 | 大地の子 | 山崎豊子 | 文春文庫 |
| 8月23日 | 愚行録 | 貫井徳郎 | 創元推理文庫 |
| 8月23日 | 大江戸神仙伝 | 石川英輔 | 講談社文庫 |
| 8月30日 | 君たちに明日はない | 垣根涼介 | 新潮文庫 |
| 8月30日 | いのちの初夜 | 北條民雄 | 人間愛叢書 |
| 9月 6日 | 煙か土か食い物 | 舞城王太郎 | 講談社文庫 |
| 9月 6日 | 日と月と刀 | 丸山健二 | 文藝春秋 |
| 9月13日 | 田村はまだか | 朝倉かすみ | 光文社文庫 |
| 9月13日 | オクシタニア | 佐藤賢一 | 集英社文庫 |
| 9月20日 | 警官の血 | 佐々木譲 | 新潮文庫 |
| 9月20日 | メディア買収の野望 | ジェフリー・アーチャー | 新潮文庫 |
| 9月27日 | 雷桜 | 宇江佐真理 | 角川文庫 |
| 9月27日 | 日本三文オペラ | 開高健 | 新潮文庫 |
| 10月 4日 | ティファニーで朝食を | トルーマン・カポーティ | 新潮文庫 |
| 10月 4日 | ビューティ・ジャンキー　美と若さを求めて暴走する整形中毒者たち | アレックス・クチンスキー | バジリコ |
| 10月11日 | 武士道シックスティーン／武士道セブンティーン | 誉田哲也 | 文春文庫 |
| 10月11日 | いつか、スパゲティ | イッセー尾形 | 新潮社 |
| 10月18日 | 心臓を貫かれて | マイケル・ギルモア | 文春文庫 |
| 10月18日 | 西瓜糖の日々 | リチャード・ブローティガン | 河出文庫 |
| 10月25日 | ひとりでは生きられないのも芸のうち | 内田樹 | 文春文庫 |
| 10月25日 | 宿屋めぐり | 町田康 | 講談社文庫 |
| 11月 1日 | 嫌われ松子の一生 | 山田宗樹 | 幻冬舎文庫 |
| 11月 1日 | 越境者たち | 森巣博 | 集英社文庫 |
| 11月 8日 | 人生の贈り物 | 森瑤子 | 集英社文庫 |
| 11月 8日 | 日本浄土 | 藤原新也 | 東京書籍 |
| 11月15日 | ミッキーマウスの憂鬱 | 松岡圭祐 | 新潮文庫 |
| 11月15日 | 錦繍 | 宮本輝 | 新潮文庫 |
| 11月22日 | 味覚極楽 | 子母澤寛 | 中公文庫 |
| 11月22日 | マイナス・ゼロ | 広瀬正 | 集英社文庫 |
| 11月29日 | こころ | 夏目漱石 | 集英社文庫 |
| 11月29日 | テンペスト | 池上永一 | 角川文庫 |
| 12月 6日 | 異次元からの誘い　声ナキヲ聞ク | 安倍天雲 | 文芸社 |
| 12月 6日 | 臨死体験 | 立花隆 | 文春文庫 |
| 12月13日 | 中国古典の知恵に学ぶ　菜根譚 | 洪自誠 | ディスカヴァー・トゥエンティワン |
| 12月13日 | 愛のひだりがわ | 筒井康隆 | 新潮文庫 |
| 12月20日 | しずかの朝 | 小澤征良 | 新潮文庫 |
| 12月20日 | 全日本じゃんけんトーナメント | 清涼院流水 | 幻冬舎文庫 |
| **2009年** | | | |
| 1月 3日 | 古代ギリシアがんちく図鑑 | 芝崎みゆき | バジリコ |
| 1月 3日 | イラク　米軍脱走兵、真実の告発 | ジョシュア・キー | 合同出版 |

キリスト教の「異端」に派遣された十字軍。メチャクチャ。

女子にオススメの時代小説です

10年に一冊。タイムスリップの名作。

すごい描き込み！

| | 日付 | 書名 | 著者 | 出版社 | |
|---|---|---|---|---|---|
| | 1月10日 | アルケミスト　夢を旅した少年 | パウロ・コエーリョ | 角川文庫 | |
| | 1月10日 | 産霊山秘録 | 半村良 | 集英社文庫 | |
| | 1月17日 | 地震イツモノート　キモチの防災マニュアル | 地震イツモプロジェクト編／渥美公秀(監修) | ポプラ文庫 | |
| | 1月17日 | 震度0 | 横山秀夫 | 朝日文庫 | |
| | 1月17日 | 神の子どもたちはみな踊る | 村上春樹 | 新潮文庫 | |
| | 1月17日 | この人の閾 | 保坂和志 | 新潮文庫 | |
| | 1月24日 | 駿河城御前試合 | 南條範夫 | 徳間文庫 | |
| | 1月24日 | 告白 | 湊かなえ | 双葉文庫 | |
| | 1月31日 | 変身 | カフカ | 新潮文庫 | |
| | 1月31日 | 日本の国宝、最初はこんな色だった | 小林泰三 | 光文社新書 | |
| | 2月 7日 | みすゞさんぽ　金子みすゞ詩集 | 金子みすゞ | 春陽堂書店 | |
| | 2月 7日 | たった一人の反乱 | 丸谷才一 | 講談社文芸文庫 | |
| | 2月14日 | お菓子の由来物語 | 猫井登 | 幻冬舎 | |
| | 2月14日 | 仮想儀礼 | 篠田節子 | 新潮文庫 | |
| | 2月21日 | 明治時代の人生相談 | 山田邦紀 | 幻冬舎文庫 | |
| | 2月21日 | 麺道一直線 | 勝谷誠彦 | 新潮文庫 | |
| | 2月28日 | 流星ワゴン | 重松清 | 講談社文庫 | |
| | 2月28日 | 新装版　あ・うん | 向田邦子 | 文春文庫 | |
| ★ | 3月 7日 | 幕末史 | 半藤一利 | 新潮文庫 | →P33 |
| | 3月 7日 | 東天の獅子 | 夢枕獏 | 双葉文庫 | |
| | 3月14日 | 対談　美酒について　人はなぜ酒を語るか | 吉行淳之介／開高健 | 新潮文庫 | |
| | 3月14日 | Malt Whisky Almanac(邦題:スコッチ・モルト・ウイスキー・ガイド) | Wallace Milroy | St Martins Pr | |
| | 3月21日 | 一度も植民地になったことがない日本 | デュラン・れい子 | 講談社+α新書 | |
| | 3月21日 | 大人のための残酷童話 | 倉橋由美子 | 新潮文庫 | |
| | 3月28日 | 吉里吉里人 | 井上ひさし | 新潮文庫 | |
| | 3月28日 | 動的平衡　生命はなぜそこに宿るのか | 福岡伸一 | 小学館新書 | |
| ★ | 4月 4日 | 世界の言語入門 | 黒田龍之助 | 講談社現代新書 | →P38 |
| 👑★ | 4月11日 | 新訳　武士の娘 | 杉本鉞子 | PHPエディターズ・グループ | →P43 |
| | 4月11日 | されど　われらが日々―― | 柴田翔 | 文春文庫 | |
| | 4月18日 | 栄光のナポレオン　エロイカ | 池田理代子 | 中公文庫(マンガ) | |
| | 4月18日 | 深夜食堂 | 安倍夜郎 | ビッグコミックススペシャル (マンガ) | |
| | 4月25日 | 変身 | 東野圭吾 | 講談社文庫 | |
| | 4月25日 | オーデュボンの祈り | 伊坂幸太郎 | 新潮文庫 | |
| | 5月 2日 | 動物の値段 | 白輪剛史 | 角川文庫 | |
| | 5月 2日 | イスラム世界おもしろ見聞録 | 宮田律 | 朝日新聞出版 | |
| | 5月 9日 | とてつもない日本 | 麻生太郎 | 新潮新書 | |
| | 5月 9日 | 戦場から生きのびて　ぼくは少年兵士だった | イシメール・ベア | 河出書房新社 | |
| | 5月16日 | 海猫 | 谷村志穂 | 新潮文庫 | |
| | 5月16日 | 女神記 | 桐野夏生 | 角川文庫 | |
| | 5月23日 | 案本　「ユニーク」な「アイディア」の「提案」のための「脳内経験」 | 山本高史 | インプレスジャパン | |
| | 5月23日 | ぬかるみに注意 | 生田紗代 | 講談社 | |

半村良復活大作戦実施中。

マンガ〝シグルイ〟も必見

大倉くん、スケベ、と言われた。

ボリューム大!! ずっと笑える

ベルばら好きならぜひ!

| | 日付 | 書名 | 著者 | 出版社 | | |
|---|---|---|---|---|---|---|
| | 5月30日 | 夜中にジャムを煮る | 平松洋子 | 新潮文庫 | | |
| | 5月30日 | 遺伝子が解く! 男の指のひみつ(旧題:「私が、答えます」) | 竹内久美子 | 文春文庫 | | |
| | 6月 6日 | バー・ラジオのカクテルブック | 尾崎浩司/榎木冨士夫 | 柴田書店 | | |
| | 6月 6日 | デミアン | ヘルマン・ヘッセ | 岩波文庫 | | |
| | 6月13日 | UNSEEN VOGUE | Robin Derrick/Robin Muir | Little, Brown UK | | |
| ★ | 6月13日 | 凶区 Erotica | 森山大道 | 朝日新聞出版(写真集) | →P47 | |
| | 6月20日 | 1Q84 BOOK 1/BOOK 2 | 村上春樹 | 新潮文庫 | | |
| | 6月27日 | 望郷の道 | 北方謙三 | 幻冬舎文庫 | | 一気読み◎ |
| | 6月27日 | 落語の国からのぞいてみれば | 堀井憲一郎 | 講談社現代新書 | | |
| | 7月 4日 | かあちゃん | 重松清 | 講談社文庫 | | |
| | 7月 4日 | 貧乏という生き方(旧題:貧乏神髄) | 川上卓也 | WAVE出版 | | |
| | 7月11日 | 心にナイフをしのばせて | 奥野修司 | 文春文庫 | | |
| | 7月11日 | シェヘラザードの憂愁 アラビアン・ナイト後日譚 | ナギーブ・マフフーズ | 河出書房新社 | | |
| | 7月18日 | 「僕僕先生」シリーズ | 仁木英之 | 新潮文庫 | | |
| | 7月18日 | 世界地図帖 WORLD ATLAS | 中野尊正(監修) | 国際地学協会 | | |
| ★ | 7月25日 | 骨が語る日本史 | 鈴木尚 | 学生社 | →P50 | |
| | 7月25日 | グローバリズム出づる処の殺人者より | アラヴィンド・アディガ | 文藝春秋 | | |
| | 8月 1日 | 作家のおやつ | コロナ・ブックス編集部編 | 平凡社 | | |
| | 8月 1日 | 奇縁まんだら/奇縁まんだら 続 | 瀬戸内寂聴 | 日本経済新聞出版社 | | |
| | 8月 8日 | 「国芳一門浮世絵草紙」シリーズ | 河治和香 | 小学館文庫 | | |
| ★ | 8月 8日 | 生きてるだけで、愛。 | 本谷有希子 | 新潮文庫 | →P54 | |
| | 8月15日 | トランクの中の日本 米従軍カメラマンの非公式記録 | ジョー・オダネル | 小学館 | | |
| | 8月15日 | 重慶爆撃とは何だったのか もうひとつの日中戦争 | 戦争と空爆問題研究会編 | 高文研 | | |
| | 8月22日 | 大正野郎 | 山田芳裕 | 小学館文庫(マンガ) | | 何か…すごい好きです |
| | 8月22日 | 黄昏流星群 | 弘兼憲史 | ビッグコミックス(マンガ) | | |
| ★ | 8月29日 | アラミスと呼ばれた女 | 宇江佐真理 | 講談社文庫 | →P58 | |
| | 8月29日 | 大化の改新 | 海音寺潮五郎 | 河出文庫 | | |
| | 9月 5日 | きものを纏う美 | 節子・クロソフスカ・ド・ローラ | 扶桑社 | | |
| | 9月 5日 | 果しなき流れの果に | 小松左京 | ハルキ文庫 | | 私の脳味噌のもう半分。 |
| | 9月12日 | MOMENT | 本多孝好 | 集英社文庫 | | |
| ★ | 9月12日 | 幻影の書 | ポール・オースター | 新潮文庫 | →P61 | |
| | 9月19日 | 江戸のセンス 職人の遊びと洒落心 | 荒井修/いとうせいこう | 集英社新書 | | |
| | 9月19日 | 大人からの進化術 九州育ちが強い理由 | 後藤心平編/出頭則行(監修) | 九州大学出版会 | | |
| | 9月26日 | たまごかけごはん300 | ランニング・エッグス | ぶんか社文庫 | | |
| | 9月26日 | カカシバイブル | ピート小林 | 東京書籍 | | |
| | 10月 3日 | 青嵐の譜 | 天野純希 | 集英社文庫 | | |
| ♛ | 10月 3日 | 太陽を曳く馬 | 髙村薫 | 新潮社 | | |
| | 10月10日 | 国境の南、太陽の西 | 村上春樹 | 講談社文庫 | | |
| | 10月10日 | 熊野物語 | 中上紀 | 平凡社 | | |
| | 10月17日 | 一日江戸人 | 杉浦日向子 | 新潮文庫 | | |
| | 10月17日 | 白川静 漢字の世界観 | 松岡正剛 | 平凡社新書 | | |
| | 10月17日 | 漢字 生い立ちとその背景 | 白川静 | 岩波新書 | | |

| | 日付 | 書名 | 著者 | 出版社 | |
|---|---|---|---|---|---|
| | 10月24日 | 翼はいつまでも | 川上健一 | 集英社文庫 | |
| | 10月24日 | ビートルズを知らない子どもたちへ | きたやまおさむ | アルテスパブリッシング | |
| | 10月31日 | 高円寺純情商店街 | ねじめ正一 | 新潮文庫 | |
| | 10月31日 | 羆撃ち | 久保俊治 | 小学館文庫 | |
| | 11月 7日 | ドナウよ、静かに流れよ | 大崎善生 | 文春文庫 | |
| | 11月 7日 | 千年の祈り | イーユン・リー | 新潮社 | |
| | 11月14日 | 哄う合戦屋 | 北沢秋 | 双葉文庫 | |
| | 11月14日 | 人外魔境　小栗虫太郎全作品(6) | 小栗虫太郎 | 沖積舎 | |
| | 11月21日 | オリンピックの身代金 | 奥田英朗 | 角川文庫 | |
| | 11月21日 | 無理 | 奥田英朗 | 文春文庫 | |
| | 11月28日 | 若きサムライのために | 三島由紀夫 | 文春文庫 | |
| | 11月28日 | 新訳　ハムレット | シェイクスピア／河合祥一郎訳 | 角川文庫 | |
| | 12月 5日 | 横道世之介 | 吉田修一 | 文春文庫 | |
| | 12月 5日 | 尾崎放哉　句集 | 尾崎放哉 | 春陽堂書店 | |
| ★ | 12月12日 | ある明治女性の世界一周日記　日本初の海外団体旅行 | 野村みち | 神奈川新聞社 | →P64 |
| | 12月12日 | サイエンス・インポッシブル　SF世界は実現可能か | ミチオ・カク | NHK出版 | |
| ★ | 12月19日 | ダイノトピア　恐竜国漂流記 | ジェームス・ガーニー | フレーベル館 | →P68 |
| | 12月19日 | 100万回生きたねこ | 佐野洋子 | 講談社 | |
| | **2010年** | | | | |
| | 1月 2日 | 世にも美しい日本語入門 | 安野光雅／藤原正彦 | ちくまプリマー新書 | |
| | 1月 2日 | ドーン | 平野啓一郎 | 講談社文庫 | |
| | 1月 9日 | 猫語の教科書 | ポール・ギャリコ | ちくま文庫 | |
| | 1月 9日 | グイン・サーガ | 栗本薫 | ハヤカワ文庫JA | |
| | 1月16日 | インドなんて二度と行くか！ボケ！！　…でもまた行きたいかも | さくら剛 | アルファポリス文庫 | |
| | 1月16日 | 儒教・仏教・道教　東アジアの思想空間 | 菊地章太 | 講談社選書メチエ | |
| | 1月23日 | 名画で読み解く　ハプスブルク家12の物語 | 中野京子 | 光文社新書 | |
| | 1月23日 | 算数宇宙の冒険　アリスメトリック！ | 川端裕人 | 実業之日本社文庫 | |
| | 1月30日 | 愛するということ | エーリッヒ・フロム | 紀伊國屋書店 | |
| | 1月30日 | 百年の孤独 | ガブリエル・ガルシア=マルケス | 新潮社 | |
| | 2月 6日 | 壁抜け男　異色作家短篇集 | マルセル・エイメ | 早川書房 | |
| | 2月 6日 | 絶対貧困　世界リアル貧困学講義(旧題：絶対貧困　世界最貧民の目線) | 石井光太 | 新潮文庫 | |
| | 2月13日 | 福翁自伝 | 福澤諭吉 | PHP研究所 | |
| | 2月13日 | 鉄は旨い！　鉄なべおじさんの鋳鉄料理研究所 | 菊池仁志 | メディアパル | |
| | 2月20日 | 中学生はコーヒー牛乳でテンション上がる | ワクサカソウヘイ | 情報センター出版局 | |
| | 2月20日 | 69　sixty nine | 村上龍 | 集英社文庫 | |
| | 2月27日 | 読書のすすめ | 岩波文庫編集部編 | 岩波文庫 | |
| | 2月27日 | デザイン豚よ木に登れ | 都築響一 | 洋泉社 | |
| | 3月 6日 | 羆嵐 | 吉村昭 | 新潮文庫 | |
| | 3月 6日 | なぜ、日本人は桜の下で酒を飲みたくなるのか？ | 西岡秀雄 | PHP研究所 | |

| | 日付 | 書名 | 著者 | 出版社 |
|---|---|---|---|---|
| | 3月13日 | 信長の棺 | 加藤廣 | 文春文庫 |
| | 3月13日 | 欧亜純白 ユーラシアホワイト | 大沢在昌 | 集英社文庫 |
| | 3月20日 | 13日間で「名文」を書けるようになる方法 | 高橋源一郎 | 朝日文庫 |
| | 3月20日 | 砂糖菓子の弾丸は撃ちぬけない | 桜庭一樹 | 角川文庫 |
| | 3月27日 | チベット滞在記 | 多田等観 | 講談社学術文庫 |
| | 3月27日 | 黄金郷(エルドラド)伝説 スペインとイギリスの探険帝国主義 | 山田篤美 | 中公新書 |
| | 4月 3日 | 新参者 | 東野圭吾 | 講談社文庫 |
| ♛★ | 4月 3日 | わたしを離さないで | カズオ・イシグロ | ハヤカワepi文庫 →P72 |
| | 4月10日 | 怖い絵 | 中野京子 | 角川文庫 |
| | 4月10日 | 火宅の人 | 檀一雄 | 新潮文庫 |
| ★ | 4月17日 | 伊達政宗の手紙 | 佐藤憲一 | 洋泉社MC新書 →P76 |
| | 4月17日 | バトル・ロワイアル | 高見広春 | 幻冬舎文庫 |
| | 4月24日 | 1Q84 BOOK 3 | 村上春樹 | 新潮文庫 |
| | 5月 1日 | 天地明察 | 冲方丁 | 角川文庫 |
| | 5月 8日 | 隠居の日向ぼっこ | 杉浦日向子 | 新潮文庫 |
| | 5月 8日 | 勝利は10%から積み上げる | 張栩 | 朝日新聞出版 |
| | 5月15日 | キミは他人に鼻毛が出てますよと言えるか | 北尾トロ | 幻冬舎文庫 |
| | 5月15日 | 奇界遺産 | 佐藤健寿 | エクスナレッジ |
| | 5月22日 | 少年譜 | 伊集院静 | 文春文庫 |
| | 5月22日 | 蜘蛛の糸・杜子春 | 芥川龍之介 | 新潮文庫 |
| | 5月29日 | あたらしい「源氏物語」の教科書 | 堀江宏樹 | イースト・プレス |
| | 5月29日 | 株式会社 家族 | 山田かおり | リトルモア |
| | 6月 5日 | 徳川将軍家十五代のカルテ | 篠田達明 | 新潮新書 |
| | 6月 5日 | 聖母マリア崇拝の謎 「見えない宗教」の人類学 | 山形孝夫 | 河出書房新社 |
| | 6月12日 | 星の王子さま | サン=テグジュペリ | 岩波文庫 |
| | 6月12日 | ザ・ロード | コーマック・マッカーシー | ハヤカワepi文庫 |
| | 6月19日 | イケズの構造 | 入江敦彦 | 新潮文庫 |
| | 6月19日 | 「悪」と戦う | 高橋源一郎 | 河出文庫 |
| | 6月26日 | アンデス家族 | 高野潤 | 理論社 |
| | 6月26日 | インドで「暮らす、働く、結婚する」 | 杉本昭男 | ダイヤモンド社 |
| | 7月 3日 | 星新一 一〇〇一話をつくった人 | 最相葉月 | 新潮文庫 |
| | 7月 3日 | 陋巷に在り | 酒見賢一 | 新潮文庫 |
| | 7月10日 | 警視庁捜査一課刑事 | 飯田裕久 | 朝日文庫 |
| | 7月10日 | 異国トーキョー漂流記 | 高野秀行 | 集英社文庫 |
| | 7月24日 | 野菊の墓 | 伊藤左千夫 | PHP文庫 |
| | 7月31日 | 蒲団・重右衛門の最後 | 田山花袋 | 新潮文庫 |
| | 8月 7日 | 六条御息所 源氏がたり 一、光の章 | 林真理子 | 小学館 |
| | 8月 7日 | スリー・カップス・オブ・ティー 1杯目はよそ者、2杯目はお客、3杯目は家族 | グレッグ・モーテンソン/デイヴィッド・オリヴァー・レーリン | サンクチュアリ出版 |
| | 8月14日 | The Black Book of Colors | Menena Cottin/Rosana Faria(イラスト) | Groundwood Books |
| | 8月14日 | 私小説 from left to right | 水村美苗 | ちくま文庫 |

ドラマで演じました

世界は広いぜ。

ゴールはどこにある。

NHK「Jブンガク」とコラボ!!

| | | | | | |
|---|---|---|---|---|---|
| | 8月21日 | 花埋み | 渡辺淳一 | 集英社文庫 | |
| | 8月21日 | 辺境生物探訪記　生命の本質を求めて | 長沼毅／藤崎慎吾 | 光文社新書 | |
| | 8月28日 | 燃えよ剣 | 司馬遼太郎 | 新潮文庫 | 杏の司馬デビュー!（中学） |
| | 8月28日 | 八十八夜物語 | 半村良 | 論創社 | |
| | 9月 4日 | 武士の家計簿　「加賀藩御算用者」の幕末維新 | 磯田道史 | 新潮新書 | |
| | 9月 4日 | 闇の奥 | ジョセフ・コンラッド | 岩波文庫 | |
| ♛ | 9月11日 | マルガリータ | 村木嵐 | 文春文庫 | |
| | 9月11日 | 虐殺器官 | 伊藤計劃 | ハヤカワ文庫JA | |
| | 9月18日 | 消された一家　北九州・連続監禁殺人事件 | 豊田正義 | 新潮文庫 | もはや本でしか取り上げられない… |
| | 9月18日 | きみのかみさま | 西原理恵子 | 角川書店 | |
| | 9月25日 | 愛する言葉 | 岡本太郎／岡本敏子 | イースト・プレス | |
| | 9月25日 | エロ事師たち | 野坂昭如 | 新潮文庫 | |
| | 10月 2日 | オペラ座の怪人 | ガストン・ルルー | 光文社古典新訳文庫 | ミュージカルで演じた |
| | 10月 2日 | 6人の容疑者 | ヴィカース・スワループ | RHブックス・プラス | |
| | 10月 9日 | ぼく、牧水！　歌人に学ぶ「まろび」の美学 | 伊藤一彦／堺雅人 | 角川oneテーマ21 | |
| | 10月 9日 | なぜ人は砂漠で溺死するのか？　死体の行動分析学 | 高木徹也 | メディアファクトリー新書 | |
| | 10月16日 | 街道をゆく39（ニューヨーク散歩） | 司馬遼太郎 | 朝日文庫 | |
| | 10月16日 | コロンバイン銃乱射事件の真実 | デイヴ・カリン | 河出書房新社 | |
| | 10月23日 | 神社とお寺はたのしい | 中尾京子 | アノニマ・スタジオ | |
| | 10月23日 | アースダイバー | 中沢新一 | 講談社 | |
| | 10月30日 | 天の夕顔 | 中河与一 | 新潮文庫 | |
| | 10月30日 | 新版　貧困旅行記 | つげ義春 | 新潮文庫 | つげ義春の貧乏魂が私に住みついている。 |
| | 11月 6日 | 風の名前 | 高橋順子 | 小学館 | |
| | 11月 6日 | アフリカ・レポート　壊れる国、生きる人々 | 松本仁一 | 岩波新書 | |
| | 11月13日 | そら頭はでかいです、世界がすこんと入ります | 川上未映子 | 講談社文庫 | |
| | 11月13日 | すっぴん魂 | 室井滋 | 文春文庫 | |
| | 11月20日 | コドモノクニ名作選 | | ハースト婦人画報社 | |
| | 11月20日 | 絵で見る十字軍物語 | 塩野七生 | 新潮社 | |
| | 11月20日 | 十字軍物語 | 塩野七生 | 新潮社 | |
| ★ | 11月27日 | ワシントンハイツ　GHQが東京に刻んだ戦後 | 秋尾沙戸子 | 新潮文庫 | →P79 |
| | 11月27日 | 「図書館戦争」シリーズ | 有川浩 | 角川文庫 | |
| | 12月 4日 | 甲子園だけが高校野球ではない | 岩崎夏海（監修） | 廣済堂出版 | |
| | 12月 4日 | 捕食者なき世界 | ウィリアム・ソウルゼンバーグ | 文春文庫 | |
| | 12月11日 | 味写入門 | 天久聖一 | アスペクト | |
| ★ | 12月11日 | 楢山節考 | 深沢七郎 | 新潮文庫 | →P84 |
| ★ | 12月18日 | 乙嫁語り | 森薫 | エンターブレイン（マンガ） | →P88　大・大・大好き |
| | 12月18日 | 海月姫 | 東村アキコ | 講談社（マンガ） | |
| | 12月25日 | 三島由紀夫レター教室 | 三島由紀夫 | ちくま文庫 | |
| | 12月25日 | おおきな木 | シェル・シルヴァスタイン | あすなろ書房 | |

## 2011年

| | 日付 | 書名 | 著者 | 出版社 |
|---|---|---|---|---|
| | 1月 1日 | 新訂版　タモリのＴＯＫＹＯ坂道美学入門 | タモリ | 講談社 |
| | 1月 1日 | 無所有 | 法頂 | 東方出版 |
| | 1月 8日 | かたちだけの愛 | 平野啓一郎 | 中公文庫 |
| | 1月 8日 | 半分のぼった黄色い太陽 | チママンダ・ンゴズィ・アディーチェ | 河出書房新社 |
| | 1月15日 | パリ散歩画帖 | 山本容子 | CCCメディアハウス |
| | 1月15日 | 極私的メディア論 | 森達也 | 創出版 |
| | 1月22日 | 知りたがりやの猫 | 林真理子 | 新潮文庫 |
| | 1月22日 | 空白の五マイル　チベット、世界最大のツアンポー峡谷に挑む | 角幡唯介 | 集英社文庫 |
| | 1月29日 | 東京妙案開発研究所　「人が賑わう空間」を創る発想力の秘密 | 相羽髙德 | 日本経済新聞出版社 |
| | 1月29日 | 天啓を受けた者ども | マルコス・アギニス | 作品社 |
| | 2月 5日 | HAPPY NEWS | 社団法人日本新聞協会／HAPPY NEWS実行委員会 | マガジンハウス |
| | 2月 5日 | 文字の母たち | 港千尋 | インスクリプト |
| | 2月12日 | 一〇〇年前の世界一周　ある青年が撮った日本と世界 | ボリス・マルタン／ワルデマール・アベグ | 日経ナショナルジオグラフィック社（写真集） |
| | 2月12日 | 苦役列車 | 西村賢太 | 新潮文庫 |
| ★ | 2月19日 | 熊　人類との「共存」の歴史 | ベルント・ブルンナー | 白水社　→P91 |
| | 2月19日 | 兄弟 | 余華 | 文春文庫 |
| | 2月26日 | もし高校野球の女子マネージャーがドラッカーの『マネジメント』を読んだら | 岩崎夏海 | 新潮文庫 |
| | 2月26日 | マボロシの鳥 | 太田光 | 新潮文庫 |
| | 3月 5日 | 一刀斎夢録 | 浅田次郎 | 文春文庫 |
| | 3月 5日 | 絶叫委員会 | 穂村弘 | ちくま文庫 |
| | 3月12日 | 花神 | 司馬遼太郎 | 新潮文庫 |
| | 3月12日 | シューマンの指 | 奥泉光 | 講談社文庫 |
| | 3月26日 | 絆 | 武田双雲 | ダイヤモンド社 |
| | 3月26日 | 私のおとぎ話 | 宇野千代 | 文芸社 |
| | 4月 2日 | 自分の中に毒を持て　あなたは〝常識人間〟を捨てられるか | 岡本太郎 | 青春出版社 |
| | 4月 2日 | ポリティコン | 桐野夏生 | 文春文庫 |
| | 4月 9日 | 漂砂のうたう | 木内昇 | 集英社文庫 |
| | 4月 9日 | ひつまぶし | 野田秀樹 | 朝日新聞出版 |
| | 4月16日 | すし屋の常識・非常識 | 重金敦之 | 朝日新書 |
| | 4月16日 | 船に乗れ！ | 藤谷治 | 小学館文庫 |
| | 4月23日 | 謎解きはディナーのあとで | 東川篤哉 | 小学館文庫 |
| | 4月30日 | 祝福 | 長嶋有 | 河出文庫 |
| | 4月30日 | 古代ローマ人の24時間　よみがえる帝都ローマの民衆生活 | アルベルト・アンジェラ | 河出文庫 |
| | 5月 7日 | 黒冷水 | 羽田圭介 | 河出文庫 |
| | 5月 7日 | 無垢の博物館 | オルハン・パムク | 早川書房 |
| | 5月14日 | こどものいた街 | 井上孝治 | 河出書房新社（写真集） |
| | 5月14日 | アンダスタンド・メイビー | 島本理生 | 中公文庫 |
| | 5月21日 | 間取りの手帖 | 佐藤和歌子 | リトルモア |

ブラタモリも大好き

南米文学にはずれなし。

中国人全員を敵にしてしまった中国人作家。

壮絶な兄弟ゲンカにハラハラします

| | 日付 | 書名 | 著者 | 出版社 | | メモ |
|---|---|---|---|---|---|---|
| | 5月21日 | 佐野洋子対談集　人生のきほん | 佐野洋子／西原理恵子／リリー・フランキー | 講談社 | | |
| | 5月28日 | 新訳　日本奥地紀行 | イザベラ・バード | 東洋文庫 | | |
| | 5月28日 | 満州国演義 | 船戸与一 | 新潮文庫 | | |
| | 6月 4日 | 植物図鑑 | 有川浩 | 幻冬舎文庫 | | |
| ♛ | 6月 4日 | ジェノサイド | 高野和明 | 角川文庫 | | |
| | 6月11日 | バカ昔ばなし | 五月女ケイ子(え)／細川徹(ぶん) | ティー・オーエンタテインメント | | |
| | 6月11日 | 127時間 | アーロン・ラルストン | 小学館文庫 | | |
| | 6月18日 | 窒息する母親たち　春奈ちゃん事件の心理ファイル | 矢幡洋 | 毎日新聞社 | | この頃ママ友のドラマをやっていて… |
| | 6月18日 | 絶対にゆるまないネジ　小さな会社が「世界一」になる方法 | 若林克彦 | 中経出版 | | ビジネス書は初めてで最後かも。 |
| ★ | 6月25日 | 大黒屋光太夫 | 吉村昭 | 新潮文庫 | →P95 | |
| | 6月25日 | 小泉武夫の快食日記　「食あれば楽あり」 | 小泉武夫 | 日本経済新聞出版社 | | |
| | 7月 2日 | 想い出あずかります | 吉野万理子 | 新潮文庫 | | |
| | 7月 2日 | 翻訳夜話 | 村上春樹／柴田元幸 | 文春新書 | | |
| | 7月 9日 | 普及版　モリー先生との火曜日 | ミッチ・アルボム | NHK出版 | | |
| ★ | 7月 9日 | 世界屠畜紀行 | 内澤旬子 | 角川文庫 | →P98 | |
| | 7月16日 | ともだちは緑のにおい | 工藤直子／長新太(絵) | 理論社 | | |
| | 7月16日 | 音楽の在りて | 萩尾望都 | イースト・プレス | | |
| | 7月23日 | はやぶさ、そうまでして君は　生みの親がはじめて明かすプロジェクト秘話 | 川口淳一郎 | 宝島社 | | 映画で演じた題材… |
| | 7月23日 | 心はあなたのもとに | 村上龍 | 文春文庫 | | |
| | 7月30日 | 負けるのは美しく | 児玉清 | 集英社文庫 | | |
| | 7月30日 | Lake District Walks : Pathfinder Guide | Brian Conduit | Jarrold Pub | | |
| | 8月 6日 | 十頁だけ読んでごらんなさい。十頁たって飽いたらこの本を捨てて下さって宜しい。 | 遠藤周作 | 新潮文庫 | | |
| | 8月 6日 | 出家とその弟子 | 倉田百三 | 岩波文庫 | | |
| | 8月13日 | 西原理恵子の人生画力対決2 | 西原理恵子 | 小学館 | | |
| | 8月13日 | ナガサキ　消えたもう一つの「原爆ドーム」 | 高瀬毅 | 文春文庫 | | |
| | 8月20日 | ふぉん・しいほるとの娘 | 吉村昭 | 新潮文庫 | | |
| | 8月20日 | アニマルズ・ピープル | インドラ・シンハ | 早川書房 | | インドで会いましょう。 |
| | 8月27日 | 空也上人がいた | 山田太一 | 朝日文庫 | | |
| | 8月27日 | 下町ロケット | 池井戸潤 | 小学館文庫 | | |
| | 9月 3日 | 北条政子 | 永井路子 | 文春文庫 | | 大河で演じました! |
| | 9月 3日 | 嘘みたいな本当の話 | 内田樹／高橋源一郎 | 文春文庫 | | |
| ♛ | 9月10日 | コラプティオ | 真山仁 | 文春文庫 | | |
| | 9月10日 | 新宿、インド、新宿 | 渡辺克巳 | ポット出版 | | |
| | 9月17日 | 上を向いて歩こう　奇跡の歌をめぐるノンフィクション | 佐藤剛 | 小学館文庫 | | |
| | 9月17日 | 私のいない高校 | 青木淳悟 | 講談社 | | |
| | 9月24日 | 日本語教室 | 井上ひさし | 新潮新書 | | |
| | 9月24日 | 朗読者 | ベルンハルト・シュリンク | 新潮文庫 | | |
| | 10月 1日 | 謎の探検家　菅野力夫 | 若林純 | 青弓社 | | |
| | 10月 1日 | 小説熱海殺人事件 | つかこうへい | 角川文庫 | | |

| | 日付 | 書名 | 著者 | 出版社 | |
|---|---|---|---|---|---|
| | 10月 8日 | ぬるい毒 | 本谷有希子 | 新潮文庫 | |
| | 10月15日 | 腕一本　巴里の横顔 | 藤田嗣治 | 講談社文芸文庫 | |
| | 10月15日 | 困ってるひと | 大野更紗 | ポプラ文庫 | |
| | 10月22日 | 残酷な神が支配する | 萩尾望都 | 小学館文庫(マンガ) | |
| | 10月22日 | あの日からのマンガ | しりあがり寿 | エンターブレイン(マンガ) | |
| | 10月29日 | 豆腐百珍 | 福田浩／松藤庄平／杉本伸子 | 新潮社 | |
| | 10月29日 | 「生き場」を探す日本人 | 下川裕治 | 平凡社新書 | |
| | 11月 5日 | アイバンのラーメン | アイバン・オーキン | リトルモア | |
| | 11月 5日 | 根津権現裏 | 藤澤清造 | 新潮文庫 | |
| | 11月12日 | 本当の戦争の話をしよう | ティム・オブライエン | 文春文庫 | |
| | 11月12日 | 秘境国　まだ見たことのない絶景 | アマナイメージズ／ゲッティイメージズ | パイ インターナショナル | |
| | 11月19日 | ビジュアル幕末1000人　龍馬と維新の群像　歴史を変えた英雄と女傑たち | 大石学(監修) | 世界文化社 | |
| | 11月19日 | パイド・パイパー　自由への越境 | ネビル・シュート | 創元推理文庫 | |
| | 11月26日 | 女子校育ち | 辛酸なめ子 | ちくまプリマー新書 | |
| ★ | 11月26日 | おすもうさん | 髙橋秀実 | 草思社 | →P100 |
| | 12月 3日 | 点と点が線になる　日本史集中講義 | 井沢元彦 | 祥伝社黄金文庫 | |
| | 12月 3日 | 韃靼の馬 | 辻原登 | 集英社文庫 | |
| | 12月10日 | 美しい星 | 三島由紀夫 | 新潮文庫 | |
| | 12月10日 | 本棚探偵の生還 | 喜国雅彦 | 双葉文庫 | |
| | 12月17日 | ヴァイオリニスト | ガブリエル・バンサン | BL出版 | |
| | 12月17日 | 風にそよぐ草 | クリスチャン・ガイイ | 集英社文庫 | |
| | 12月24日 | 好き好き大好き超愛してる。 | 舞城王太郎 | 講談社文庫 | |
| | 12月24日 | 書行無常 | 藤原新也 | 集英社 | |
| | **2012年** | | | | |
| | 1月14日 | 冬姫 | 葉室麟 | 集英社文庫 | |
| | 1月14日 | 復活 | トルストイ | 岩波文庫 | |
| | 1月21日 | 恋愛偏愛美術館(旧題:恋愛美術館) | 西岡文彦 | 新潮文庫 | |
| | 1月21日 | 持ち重りする薔薇の花 | 丸谷才一 | 新潮文庫 | |
| | 1月28日 | マイ・グランパパ　ピカソ | マリーナ・ピカソ | 小学館 | |
| | 1月28日 | 俳優・亀岡拓次 | 戌井昭人 | 文春文庫 | |
| | 2月 4日 | 「死ぬかと思った」シリーズ | 林雄司編 | アスペクト | |
| | 2月 4日 | パスタでたどるイタリア史 | 池上俊一 | 岩波ジュニア新書 | |
| | 2月11日 | 僕のNHK物語　あるTVドキュメンタリストの追想 | 冨沢満 | バジリコ | |
| | 2月11日 | ピュリツァー賞受賞写真全記録 | ハル・ビュエル | 日経ナショナルジオグラフィック社 | |
| | 2月18日 | 老人賭博 | 松尾スズキ | 文春文庫 | |
| | 2月18日 | キャンバス | サンティアーゴ・パハーレス | ヴィレッジブックス | |
| | 2月25日 | 天上紅蓮 | 渡辺淳一 | 文春文庫 | |
| | 2月25日 | くちびるに歌を | 中田永一 | 小学館文庫 | |
| ★ | 3月 3日 | 木に学べ　法隆寺・薬師寺の美 | 西岡常一 | 小学館文庫 | →P104 |
| | 3月 3日 | 悪い娘の悪戯 | マリオ・バルガス=リョサ | 作品社 | |
| | 3月10日 | 小惑星探査機　はやぶさの大冒険 | 山根一眞 | 講談社+α文庫 | |
| | 3月10日 | 100,000年後の安全 | マイケル・マドセン | かんき出版 | |
| | 3月17日 | 遺体　震災、津波の果てに | 石井光太 | 新潮文庫 | |
| | 3月17日 | クマグスの森　南方熊楠の見た宇宙 | 松居竜五／ワタリウム美術館編 | 新潮社 | |

「トラウマンガ」です…

本に埋もれて暮らしたい。

涙が出て仕方がなかった

| | 日付 | 書名 | 著者 | 出版社 | |
|---|---|---|---|---|---|
| | 3月17日 | 猫楠　南方熊楠の生涯 | 水木しげる | 角川ソフィア文庫 | |
| | 3月24日 | 風吹く谷の守人 | 天野純希 | 集英社 | |
| | 3月24日 | 共喰い | 田中慎弥 | 集英社文庫 | |
| | 3月31日 | 歪笑小説 | 東野圭吾 | 集英社文庫 | |
| | 3月31日 | 夕暮まで | 吉行淳之介 | 新潮文庫 | 中学生の時にこっそり読んだ。 |
| | 4月 7日 | 曾根崎心中 | 角田光代 | リトルモア | |
| | 4月 7日 | 新世界より | 貴志祐介 | 講談社文庫 | ドラマにて演じました！ |
| | 4月14日 | 猫弁　天才百瀬とやっかいな依頼人たち | 大山淳子 | 講談社文庫 | |
| | 4月14日 | からのゆりかご　大英帝国の迷い子たち | マーガレット・ハンフリーズ | 日本図書刊行会 | |
| | 4月21日 | 真説　ザ・ワールド・イズ・マイン | 新井英樹 | エンターブレイン（マンガ） | |
| | 4月21日 | 自殺島 | 森恒二 | 白泉社（マンガ） | |
| | 4月28日 | 歴史をさわがせた女たち　庶民篇 | 永井路子 | 文春文庫 | |
| | 4月28日 | 政府は必ず嘘をつく　アメリカの「失われた10年」が私たちに警告すること | 堤未果 | 角川SSC新書 | |
| | 5月 5日 | 降霊会の夜 | 浅田次郎 | 朝日文庫 | |
| | 5月 5日 | 銀の匙 | 中勘助 | 新潮文庫 | |
| | 5月12日 | レベル7 | 宮部みゆき | 新潮文庫 | あ、これもドラマで… |
| ★ | 5月12日 | ホテル・ニューハンプシャー | ジョン・アーヴィング | 新潮文庫 | →P107 |
| | 5月19日 | ハラスのいた日々 | 中野孝次 | 文春文庫 | 柴犬エッセイ |
| | 5月19日 | 龍神の雨 | 道尾秀介 | 新潮文庫 | |
| | 5月26日 | 世界の教科書でよむ〈宗教〉 | 藤原聖子 | ちくまプリマー新書 | |
| | 5月26日 | オカルト　現れるモノ、隠れるモノ、見たいモノ | 森達也 | 角川文庫 | |
| | 6月 2日 | ひらがなでよめばわかる日本語 | 中西進 | 新潮文庫 | |
| | 6月 2日 | 聖地鉄道 | 渋谷申博 | 洋泉社新書y | |
| ♛ | 6月 9日 | 柔らかな犀の角 | 山﨑努 | 文春文庫 | |
| | 6月 9日 | 無慈悲な昼食 | エベリオ・ロセーロ | 作品社 | |
| | 6月16日 | 「丸かじり」シリーズ | 東海林さだお | 文春文庫 | |
| | 6月16日 | 深夜特急 | 沢木耕太郎 | 新潮文庫 | |
| | 6月23日 | 甲比丹（カピタン） | 森瑤子 | 講談社文庫 | この2人、親子です |
| | 6月23日 | 甲比丹物語 | 伊藤三男 | 講談社 | |
| | 6月23日 | 贖罪の奏鳴曲（ソナタ） | 中山七里 | 講談社文庫 | |
| | 6月30日 | 犬から見た世界　その目で耳で鼻で感じていること | アレクサンドラ・ホロウィッツ | 白揚社 | |
| | 6月30日 | 必生　闘う仏教 | 佐々井秀嶺 | 集英社新書 | インド仏教界の頂点に立つ佐々井秀嶺導師。 |
| | 6月30日 | 破天　インド仏教徒の頂点に立つ日本人 | 山際素男 | 光文社新書 | |
| | 7月 7日 | 朽ちていった命　被曝治療83日間の記録 | NHK「東海村臨界事故」取材班 | 新潮文庫 | |
| | 7月 7日 | 3・15卒業闘争 | 平山瑞穂 | 角川文庫 | |
| | 7月14日 | 小島一郎写真集成 | 青森県立美術館（監修） | インスクリプト（写真集） | |
| | 7月14日 | チロ愛死 | 荒木経惟 | 河出書房新社（写真集） | |
| | 7月21日 | 舟を編む | 三浦しをん | 光文社文庫 | |
| | 7月21日 | 杏のふむふむ | 杏 | ちくま文庫 | 私も登場。 |
| | 7月28日 | 巴里の侍 | 月島総記 | メディアファクトリー | |

| | 日付 | 書名 | 著者 | 出版社 | |
|---|---|---|---|---|---|
| | 7月28日 | 神様のラーメン | 多紀ヒカル | 幻冬舎文庫 | |
| | 8月 4日 | 冬の旅 | 立原正秋 | 新潮社 | |
| ★ | 8月 4日 | ピダハン 「言語本能」を超える文化と世界観 | ダニエル.L.エヴェレット | みすず書房 | →P110 |
| | 8月11日 | 巴里ひとりある記 | 高峰秀子 | 新潮社 | |
| | 8月11日 | 部長川柳 おっさんの説明書 | アカツキ | エンターブレイン | |
| | 8月18日 | 婢伝五稜郭 | 佐々木譲 | 朝日文庫 | |
| | 8月18日 | ラバー・ソウル | 井上夢人 | 講談社文庫 | |
| | 8月25日 | 台所のオーケストラ | 高峰秀子 | 新潮文庫 | |
| | 8月25日 | 今日もごちそうさまでした | 角田光代 | 新潮文庫 | |
| | 9月 1日 | ソウル・ミュージック・ラバーズ・オンリー | 山田詠美 | 幻冬舎文庫 | |
| | 9月 1日 | それをお金で買いますか 市場主義の限界 | マイケル・サンデル | ハヤカワ文庫NF | |
| | 9月 8日 | ロスジェネの逆襲 | 池井戸潤 | 文春文庫 | |
| | 9月15日 | 「ビブリア古書堂の事件手帖」シリーズ | 三上延 | メディアワークス文庫 | |
| | 9月15日 | 冥土めぐり | 鹿島田真希 | 河出文庫 | |
| | 9月22日 | 「乙女」シリーズ | 堀江宏樹／滝乃みわこ | 角川文庫 | |
| | 9月22日 | 夜の国のクーパー | 伊坂幸太郎 | 創元推理文庫 | |
| | 9月29日 | 超訳 古代ローマ三賢人の言葉 | 長尾剛／金森誠也 | PHP研究所 | |
| | 9月29日 | 大江戸釣客伝 | 夢枕獏 | 講談社文庫 | |
| | 10月 6日 | 鍼師おしゃあ 幕末海軍史逸聞(旧題:笹色の紅 幕末おんな鍼師恋がたり) | 河治和香 | 小学館文庫 | |
| | 10月 6日 | 傭兵の告白 フランス・プロラグビーの実態 | ジョン・ダニエル | 論創社 | |
| | 10月13日 | 山の単語帳 | 田部井淳子 | 世界文化社 | |
| ♛★ | 10月13日 | 「ネルソンさん、あなたは人を殺しましたか?」 ベトナム帰還兵が語る「ほんとうの戦争」 | アレン・ネルソン | 講談社文庫 | →P116 |
| | 10月20日 | ツナグ | 辻村深月 | 新潮文庫 | |
| | 10月20日 | 桐島、部活やめるってよ | 朝井リョウ | 集英社文庫 | |
| | 10月27日 | 女たちよ! | 伊丹十三 | 新潮文庫 | |
| | 10月27日 | 屍者の帝国 | 伊藤計劃／円城塔 | 河出文庫 | |
| | 11月 3日 | この年齢だった! | 酒井順子 | 集英社文庫 | |
| | 11月 3日 | 若きウェルテルの悩み | ゲーテ | 新潮文庫 | |
| | 11月10日 | 江戸川乱歩傑作選 | 江戸川乱歩 | 新潮文庫 | |
| | 11月10日 | ZONE 豊洲署生活安全課 岩倉梓(旧題:ZONE 豊洲署刑事 岩倉梓) | 福田和代 | ハルキ文庫 | |
| | 11月17日 | 野良犬トビーの愛すべき転生 | W.ブルース・キャメロン | 新潮文庫 | |
| | 11月17日 | 希望(仮) | 花村萬月 | 角川書店 | |
| | 11月24日 | 雪おんな(『小泉八雲集』所収) | 小泉八雲 | 新潮文庫 | |
| | 11月24日 | その日東京駅五時二十五分発 | 西川美和 | 新潮文庫 | |
| | 12月 1日 | 大切なことはみんな朝ドラが教えてくれた | 田幸和歌子 | 太田出版 | |
| | 12月 1日 | ソロモンの偽証 | 宮部みゆき | 新潮文庫 | |
| | 12月 8日 | ゴロツキはいつも食卓を襲う フード理論とステレオタイプフード50 | 福田里香 | 太田出版 | |
| | 12月 8日 | 最初の人間 | カミュ | 新潮文庫 | |
| | 12月15日 | 万葉集 ビギナーズ・クラシックス 日本の古典 | 角川書店編 | 角川ソフィア文庫 | |

強い女性が主人公

日本史、文学、美術史など

映画も面白かったなあ… …ってこれ大倉さんの本だった…

| | | | | | |
|---|---|---|---|---|---|
| | 12月15日 | 人間失格 | 太宰治 | 新潮文庫 | |
| | 12月22日 | 月の名前 | 高橋順子／佐藤秀明（写真） | デコ | |
| | 12月22日 | 美しすぎる少女の乳房はなぜ大理石でできていないのか | 会田誠 | 幻冬舎文庫 | |
| | 12月29日 | グレープフルーツ・ジュース | オノ・ヨーコ | 講談社文庫 | |
| | 12月29日 | 書店員あるある | 書店員あるある研究会 | 廣済堂出版 | |
| | **2013年** | | | | |
| | 1月 5日 | 蒼い猟犬　1300万人の人質 | 堂場瞬一 | 幻冬舎 | |
| | 1月 5日 | ヒューマン　なぜヒトは人間になれたのか | NHKスペシャル取材班 | 角川文庫 | |
| | 1月12日 | 美女と野球 | リリー・フランキー | 河出文庫 | |
| | 1月12日 | 砕かれざるもの | 荒山徹 | 講談社 | |
| | 1月19日 | 明治お雇い外国人とその弟子たち　日本の近代化を支えた25人のプロフェッショナル | 片野勧 | 新人物往来社 | |
| | 1月19日 | アフリカの風に吹かれて　途上国支援の泣き笑いの日々 | 藤沢伸子 | 原書房 | |
| | 1月26日 | 歴史の愉しみ方　忍者・合戦・幕末史に学ぶ | 磯田道史 | 中公新書 | |
| | 1月26日 | イエメンで鮭釣りを | ポール・トーディ | 白水社 | |
| | 2月 2日 | 関西人のルール | 千秋育子 | 中経の文庫 | |
| | 2月 2日 | 一生に一度だけの旅 discover　世界の市場めぐり | ジョン・ブラントン | 日経ナショナルジオグラフィック社 | |
| | 2月 9日 | 命もいらず名もいらず（上）　幕末篇 | 山本兼一 | 集英社文庫 | |
| | 2月 9日 | 最後の大独演会 | 立川談志／ビートたけし／太田光 | 新潮社 | |
| | 2月16日 | ダニーと紺碧の海 | ジョン・パトリック シャンリィ | 白水社 | |
| | 2月16日 | クロックスリーの王者 | コナン・ドイル | 柏艪舎 | |
| | 2月23日 | 1ポンドの悲しみ | 石田衣良 | 集英社文庫 | |
| | 2月23日 | はなちゃんのみそ汁 | 安武信吾／千恵／はな | 文春文庫 | |
| | 3月 2日 | 明治洋食事始め　とんかつの誕生 | 岡田哲 | 講談社学術文庫 | |
| | 3月 2日 | 水のかたち | 宮本輝 | 集英社文庫 | |
| | 3月 9日 | 飛雄馬、インドの星になれ！　インド版アニメ『巨人の星』誕生秘話 | 古賀義章 | 講談社 | |
| | 3月 9日 | 傾国子女 | 島田雅彦 | 文春文庫 | |
| | 3月16日 | プラチナデータ | 東野圭吾 | 幻冬舎文庫 | |
| | 3月23日 | プラ・バロック | 結城充考 | 光文社文庫 | |
| ★ | 3月23日 | 空白を満たしなさい | 平野啓一郎 | 講談社文庫 | →P122 |
| | 3月30日 | 大阪アースダイバー | 中沢新一 | 講談社 | |
| | 3月30日 | 晴天の迷いクジラ | 窪美澄 | 新潮文庫 | |
| | 4月 6日 | 武器よさらば | ヘミングウェイ | 新潮文庫 | |
| | 4月 6日 | 世界から猫が消えたなら | 川村元気 | 小学館文庫 | |
| ★ | 4月13日 | 葉隠入門 | 三島由紀夫 | 新潮文庫 | →P125 |
| | 4月13日 | オウム事件17年目の告白 | 上祐史浩／有田芳生（検証） | 扶桑社 | |
| | 4月20日 | ペコロスの母に会いに行く | 岡野雄一 | 西日本新聞社（マンガ） | |
| | 4月20日 | ヒストリエ | 岩明均 | 講談社（マンガ） | |
| ♛ | 4月27日 | 想像ラジオ | いとうせいこう | 河出文庫 | |
| | 4月27日 | 和僑　農民、やくざ、風俗嬢。中国の夕闇に住む日本人 | 安田峰俊 | 角川文庫 | |

真似ができないことをする人たち。

コナン・ドイルがボクシング。

映画で演じました 監督も来てくれた!!

| | 日付 | 書名 | 著者 | 出版社 | |
|---|---|---|---|---|---|
| | 5月 4日 | 心霊づきあい 11人の作法 | 加門七海 | MF文庫ダ・ヴィンチ | |
| | 5月 4日 | しずかな日々 | 椰月美智子 | 講談社文庫 | |
| | 5月11日 | 暖簾 | 山崎豊子 | 新潮文庫 | |
| | 5月11日 | 模倣の殺意 | 中町信 | 創元推理文庫 | |
| | 5月18日 | 母の恋文 谷川徹三・多喜子の手紙 | 谷川俊太郎編 | 新潮文庫 | |
| | 5月18日 | 山と森の精霊 高千穂・椎葉・米良の神楽 | 高見乾司／中沢新一／鈴木正崇 | LIXIL BOOKLET | |
| | 5月25日 | 新装版 大大阪モダン建築 輝きの原点。大阪モダンストリートを歩く。 | 橋爪紳也（監修） | 青幻舎 | |
| | 5月25日 | 上海、かたつむりの家 | 六六 | プレジデント社 | |
| | 6月 1日 | え、なんでまた？ | 宮藤官九郎 | 文春文庫 | |
| | 6月 1日 | 全国縦断 名物焼そばの本 | | 旭屋出版 | |
| | 6月 8日 | 道頓堀川 | 宮本輝 | 新潮文庫 | |
| ♛★ | 6月 8日 | 謎の独立国家ソマリランド そして海賊国家プントランドと戦国南部ソマリア | 高野秀行 | 集英社文庫 | →P128 |
| | 6月15日 | 峠 | 司馬遼太郎 | 新潮文庫 | |
| | 6月15日 | 狭小邸宅 | 新庄耕 | 集英社文庫 | |
| | 6月22日 | ぼくは猟師になった | 千松信也 | 新潮文庫 | |
| | 6月22日 | 絵と言葉の一研究 「わかりやすい」デザインを考える | 寄藤文平 | 美術出版社 | |
| | 6月29日 | 真夏の方程式 | 東野圭吾 | 文春文庫 | |
| | 6月29日 | 生存者ゼロ | 安生正 | 宝島社文庫 | |
| | 7月 6日 | 清須会議 | 三谷幸喜 | 幻冬舎文庫 | |
| | 7月 6日 | あの頃の軍艦島 今も人々の声がきこえる | 皆川隆 | 産業編集センター | |
| | 7月13日 | 私の東京地図 | 小林信彦 | ちくま文庫 | |
| | 7月13日 | 飛び跳ねる教室 | 千葉聡 | 亜紀書房 | |
| | 7月20日 | 老人と海 | ヘミングウェイ | 新潮文庫 | |
| | 7月20日 | 字幕屋のニホンゴ渡世奮闘記 | 太田直子 | 岩波書店 | |
| | 8月 3日 | なにわ大阪 食べものがたり | 上野修三 | 創元社 | |
| | 8月 3日 | 赤と黒 | スタンダール | 新潮文庫 | |
| | 8月10日 | 女學生手帖 大正・昭和 乙女らいふ | 弥生美術館／内田静枝編 | 河出書房新社 | |
| | 8月10日 | ネコはどうしてわがままか | 日高敏隆 | 新潮文庫 | |
| | 8月17日 | 樅ノ木は残った | 山本周五郎 | 新潮文庫 | |
| | 8月17日 | 遮断地区 | ミネット・ウォルターズ | 創元推理文庫 | |
| | 8月24日 | ことばはいらない Maru in Michigan | ジョンソン祥子 | 新潮社 | |
| | 8月24日 | 愛に乱暴 | 吉田修一 | 新潮文庫 | |
| ★ | 8月31日 | 無私の日本人 | 磯田道史 | 文春文庫 | →P133 |
| | 8月31日 | 新宿鮫 | 大沢在昌 | 光文社文庫 | |
| | 9月 7日 | ある一日 | いしいしんじ | 新潮文庫 | |
| | 9月 7日 | ブラックアウト | コニー・ウィリス | ハヤカワ文庫SF | |
| | 9月14日 | 私の大阪八景 | 田辺聖子 | 角川文庫 | |
| | 9月14日 | ユートピアの崩壊 ナウル共和国 世界一裕福な島国が最貧国に転落するまで | リュック・フォリエ | 新泉社 | |
| | 9月21日 | 完全復刻アサヒグラフ 関東大震災 昭和三陸大津波 | 朝日新聞出版AERA編集部編 | 朝日新聞出版 | |

この頃オバケを演じた…

映画で演じました

古典の食わず嫌い撲滅作戦。

太平洋の小島が急に金持ちだらけ。

| | 日付 | 書名 | 著者 | 出版社 | |
|---|---|---|---|---|---|
| | 9月21日 | 聖痕 | 筒井康隆 | 新潮文庫 | |
| | 9月28日 | 大正期の家庭生活 | 湯沢雍彦編 | クレス出版 | |
| | 9月28日 | 英国一家、日本を食べる | マイケル・ブース | 亜紀書房 | |
| | 10月 5日 | 百年の梅仕事 | 乗松祥子／塩野米松(聞き書き) | 筑摩書房 | |
| | 10月12日 | 墓頭(ボズ) | 真藤順丈 | 角川文庫 | |
| | 10月19日 | 死神の浮力 | 伊坂幸太郎 | 文春文庫 | |
| | 10月26日 | 京職人ブルース | 米原有二／堀道広(絵) | 京阪神エルマガジン社 | |
| | 11月 2日 | LIFE　副菜 おかず、おかわり! | 飯島奈美 | 東京糸井重里事務所 | |
| | 11月 9日 | 痴人の愛 | 谷崎潤一郎 | 新潮文庫 | |
| | 11月16日 | 和菓子のアン | 坂木司 | 光文社文庫 | |
| ★ | 11月23日 | ウォールフラワー | スティーブン・チョボスキー | 集英社文庫 | →P137 |
| ★ | 11月30日 | たべもの起源事典　日本編 | 岡田哲 | ちくま学芸文庫 | →P141 |
| | 12月 7日 | 捨ててこそ　空也 | 梓澤要 | 新潮文庫 | |
| | 12月14日 | 杉浦日向子の食・道・楽 | 杉浦日向子 | 新潮文庫 | |
| | 12月21日 | ヴァスコ・ダ・ガマの「聖戦」　宗教対立の潮目を変えた大航海 | ナイジェル・クリフ | 白水社 | |
| | 12月28日 | 東京の空の下オムレツのにおいは流れる | 石井好子 | 河出文庫 | |
| **2014年** | | | | | |
| | 1月 4日 | きみは白鳥の死体を踏んだことがあるか(下駄で) | 宮藤官九郎 | 文春文庫 | |
| | 1月11日 | 私の保存食ノート　いちごのシロップから梅干しまで | 佐藤雅子 | 文化出版局 | |
| | 1月18日 | 山伏ノート　自然と人をつなぐ知恵を武器に | 坂本大三郎 | 技術評論社 | |
| | 1月25日 | 役者論語 | 守随憲治(校訂) | 岩波文庫 | |
| | 2月 1日 | リバーサイド・チルドレン | 梓崎優 | 東京創元社 | |
| | 2月 8日 | 料理の絵本　完全版 | 石井好子／水森亜土(絵) | 文春文庫 | |
| | 2月15日 | おさんぽマップ　東京エスニックタウン | ブルーガイド編集部編 | 実業之日本社 | |
| | 2月22日 | くさいはうまい | 小泉武夫 | 文春文庫 | |
| | 3月 1日 | 罪と罰 | ドストエフスキー | 岩波文庫 | |
| | 3月 8日 | 君よ わが妻よ　父石田光治少尉の手紙 | 石原典子 | 文藝春秋 | |
| ★ | 3月15日 | 素数の音楽 | マーカス・デュ・ソートイ | 新潮文庫 | →P144 |
| | 3月22日 | 食べかた上手だった日本人　よみがえる昭和モダン時代の知恵 | 魚柄仁之助 | 岩波現代文庫 | |
| | 3月29日 | 悪医 | 久坂部羊 | 朝日文庫 | |
| | 4月 5日 | 光秀の定理 | 垣根涼介 | 角川文庫 | |
| | 4月12日 | 「弱くても勝てます」　開成高校野球部のセオリー | 髙橋秀実 | 新潮文庫 | |
| | 4月19日 | ランポ　旅に生きた犬 | エルビオ・バルレッターニ | ペットライフ社 | |
| | 4月26日 | 山是山水是水 | 高仲健一 | 自然堂出版 | |
| | 5月 3日 | 村上海賊の娘 | 和田竜 | 新潮文庫 | |
| | 5月10日 | HHhH　プラハ、1942年 | ローラン・ビネ | 東京創元社 | |
| | 5月17日 | 花冠の志士　小説久坂玄瑞 | 古川薫 | 文春文庫 | |
| | 5月24日 | いつまでも美しく　インド・ムンバイのスラムに生きる人びと | キャサリン・ブー | 早川書房 | |

娘が読んでて驚いた。

この2年は朝ドラ「ごちそうさん」関連の時代や、テーマだった食べ物の本が多め!!

明智光秀のイメージ変わります!!

| | 日付 | 書名 | 著者 | 出版社 | |
|---|---|---|---|---|---|
| | 5月31日 | ナニカアル | 桐野夏生 | 新潮文庫 | |
| ★ | 6月 7日 | 食う寝る坐る　永平寺修行記 | 野々村馨 | 新潮文庫 | →P148 |
| | 6月14日 | 不祥事 | 池井戸潤 | 講談社文庫 | |
| | 6月21日 | 東京自叙伝 | 奥泉光 | 集英社文庫 | |
| | 6月28日 | 忍ばずの女 | 高峰秀子 | 中公文庫 | |
| | 7月 5日 | すゞしろ日記 | 山口晃 | 羽鳥書店 | |
| | 7月12日 | 素材よろこぶ　調味料の便利帳 | 高橋書店編集部編 | 高橋書店 | |
| ★ | 7月19日 | 夜は終わらない | 星野智幸 | 講談社 | →P153 |
| | 7月26日 | 恋文の技術 | 森見登美彦 | ポプラ文庫 | |
| | 8月 2日 | おそめ　伝説の銀座マダム | 石井妙子 | 新潮文庫 | |
| | 8月 9日 | まんがキッチン | 福田里香 | 文春文庫 | |
| | 8月16日 | 蟲の神 | エドワード・ゴーリー | 河出書房新社 | |
| | 8月23日 | メイコの食卓　おいしいお酒を、死ぬ日まで。 | 中村メイコ | 角川書店 | |
| | 8月30日 | インフェルノ | ダン・ブラウン | 角川文庫 | |
| | 9月 6日 | 日本野　必要だけど足りない、これからの日本の緑 | 「日本野」製作委員会 | 日経BP社 | |
| ♛ | 9月13日 | 透明な迷宮 | 平野啓一郎 | 新潮文庫 | |
| | 9月20日 | 花闇 | 皆川博子 | 河出文庫 | |
| | 9月27日 | CALICO JOE | John Grisham | Dell | |
| | 9月27日 | THE ASSOCIATE | John Grisham | Dell | |
| | 9月27日 | THE RACKETEER | John Grisham | Dell | |
| | 10月 4日 | 夜想曲集　音楽と夕暮れをめぐる五つの物語 | カズオ・イシグロ | ハヤカワepi文庫 | |
| | 10月 4日 | 野火 | 大岡昇平 | 新潮文庫 | |
| | 10月11日 | 犬たちの明治維新　ポチの誕生 | 仁科邦男 | 草思社文庫 | |
| | 10月11日 | 泣けない魚たち | 阿部夏丸 | 講談社文庫 | |
| | 10月18日 | 跳びはねる思考　会話のできない自閉症の僕が考えていること | 東田直樹 | イースト・プレス | |
| | 10月18日 | 四人組がいた。 | 髙村薫 | 文藝春秋 | |
| | 10月25日 | アンソロジー　カレーライス!! | 阿川佐和子他 | PARCO出版 | |
| | 10月25日 | ずるずる、ラーメン | 江國香織他 | 河出書房新社 | |
| | 11月 1日 | ワセダ三畳青春記 | 高野秀行 | 集英社文庫 | |
| | 11月 1日 | 夫婦善哉 | 織田作之助 | 新潮文庫 | |
| | 11月 8日 | 長州シックス　夢をかなえた白熊 | 荒山徹 | 講談社 | |
| | 11月 8日 | 九龍城探訪　魔窟で暮らす人々 | グレッグ・ジラード／イアン・ランボット | イースト・プレス | |
| | 11月15日 | そして、星の輝く夜がくる | 真山仁 | 講談社文庫 | |
| | 11月15日 | スタープレイヤー | 恒川光太郎 | 角川文庫 | |
| ♛★ | 11月22日 | 恋歌 | 朝井まかて | 講談社文庫 | →P157 |
| ★ | 11月22日 | ぶっぽうそうの夜 | 丸山健二 | 河出書房新社 | →P161 |
| | 11月29日 | 学生時代にやらなくてもいい20のこと | 朝井リョウ | 文藝春秋 | |
| ★ | 11月29日 | 邂逅の森 | 熊谷達也 | 文春文庫 | →P164 |
| | 12月 6日 | オリエント急行の殺人 | アガサ・クリスティー | クリスティー文庫 | |
| | 12月 6日 | 発掘狂騒史 「岩宿」から「神の手」まで<br>(旧題:石の虚塔　発見と捏造、考古学に憑かれた男たち) | 上原善広 | 新潮文庫 | |
| | 12月13日 | 無事、これ名馬 | 宇江佐真理 | 新潮文庫 | |
| | 12月13日 | 夜また夜の深い夜 | 桐野夏生 | 幻冬舎文庫 | |

ドラマで演じました❀（不祥事）

奥泉光の頭の中は?（東京自叙伝）

今はなき憧れの城のすべてがこの本に。（九龍城探訪）

ドラマで演じました（オリエント急行の殺人）

| | 日付 | 書名 | 著者 | 出版社 |
|---|---|---|---|---|
| | 12月20日 | 往復書簡　カメオのピアスと桜えび | 清野恵里子／有田雅子 | 集英社 |
| | 12月20日 | 居酒屋の誕生　江戸の呑みだおれ文化 | 飯野亮一 | ちくま学芸文庫 |
| | 12月27日 | れもん、よむもん！ | はるな檸檬 | 新潮社 |
| | 12月27日 | キャプテンサンダーボルト | 阿部和重／伊坂幸太郎 | 文春文庫 |
| | **2015年** | | | |
| | 1月 3日 | Presents | 角田光代／松尾たいこ(絵) | 双葉文庫 |
| | 1月 3日 | マップス　新・世界図絵 | アレクサンドラ・ミジェリンスカ／ダニエル・ミジェリンスキ | 徳間書店 |
| | 1月10日 | 欧米人の見た開国期日本　異文化としての庶民生活 | 石川榮吉 | 風響社 |
| | 1月10日 | トラッシュ | アンディ・ムリガン | MF文庫ダ・ヴィンチ |
| | 1月17日 | 理系女子あるある　愛すべき!?リケジョの生態公開 | みやーん／村澤綾香(絵) | トランスワールドジャパン |
| | 1月17日 | 魔女の宅急便 | 角野栄子 | 角川文庫 |
| | 1月24日 | 中野京子が語る　橋をめぐる物語 | 中野京子 | 河出書房新社 |
| | 1月24日 | 丹波篠山　古民家を〝めぐる〟見聞帖 | 谷垣友里／片平深雪 | 一般社団法人ROOT |
| | 1月31日 | 子犬のカイがやって来て | 清野恵里子／スソアキコ(絵) | 幻冬舎 |
| | 1月31日 | ナオミとカナコ | 奥田英朗 | 幻冬舎文庫 |
| | 2月 7日 | はじめての世界一周 | 吉田友和／松岡絵里 | PHP研究所 |
| | 2月 7日 | 内臓とこころ | 三木成夫 | 河出文庫 |
| | 2月14日 | 狩りガールが旅するおいしいのはじまり　山のごちそうをいただきます！ | あり／新岡薫(漫画) | 講談社 |
| | 2月14日 | インドクリスタル | 篠田節子 | 角川文庫 |
| | 2月21日 | 千年万年りんごの子 | 田中相 | 講談社(マンガ) |
| | 2月21日 | ふうらい姉妹 | 長崎ライチ | エンターブレイン(マンガ) |
| | 2月28日 | 甦る幕末　ライデン大学写真コレクションより | 後藤和雄・松本逸也編 | 朝日新聞社(写真集) |
| ★ | 2月28日 | 太陽・惑星 | 上田岳弘 | 新潮社　→P168 |
| | 3月 7日 | 城塞 | 司馬遼太郎 | 新潮文庫 |
| | 3月 7日 | 繊細な真実 | ジョン・ル・カレ | ハヤカワ文庫NV |
| | 3月14日 | 武者無類　月岡芳年の武者絵 | 歴史魂編集部編 | アスキー・メディアワークス |
| | 3月14日 | 世界の美しい書店 | 今井栄一 | 宝島社 |
| | 3月21日 | 鹿の王 | 上橋菜穂子 | 角川文庫 |
| | 3月21日 | 満願 | 米澤穂信 | 新潮文庫 |
| | 3月28日 | 本屋さんのダイアナ | 柚木麻子 | 新潮文庫 |
| | 3月28日 | サラバ！ | 西加奈子 | 小学館文庫 |
| ★ | 4月 4日 | 雑兵物語　おあむ物語　附おきく物語 | 中村通夫・湯沢幸吉郎(校訂) | 岩波文庫　→P172 |
| | 4月 4日 | ハワイ、蘭嶼　旅の手帖 | 管啓次郎 | 左右社 |
| | 4月11日 | おかしなジパング図版帖　モンタヌスが描いた驚異の王国 | 宮田珠己 | パイ インターナショナル |
| | 4月11日 | 新種の冒険　びっくり生きもの100種の図鑑 | クエンティン・ウィーラー／サラ・ペナク | 朝日新聞出版 |
| | 4月18日 | 徳川家の家紋はなぜ三つ葉葵なのか　家康のあっぱれな植物知識 | 稲垣栄洋 | 東洋経済新報社 |

こんなの初めて。

ドラマで理系女子を演じる。

篠田節子さま、絶好調。

| | 日付 | 書名 | 著者 | 出版社 | |
|---|---|---|---|---|---|
| | 4月18日 | その女アレックス | ピエール・ルメートル | 文春文庫 | |
| | 5月 2日 | 赤めだか | 立川談春 | 扶桑社文庫 | |
| ♛★ | 5月 2日 | 永い言い訳 | 西川美和 | 文春文庫 | →P175 |
| | 5月 9日 | 百日紅 | 杉浦日向子 | ちくま文庫 | |
| | 5月 9日 | くう・ねる・のぐそ　自然に「愛」のお返しを | 伊沢正名 | ヤマケイ文庫 | |
| | 5月16日 | 鉞子　世界を魅了した「武士の娘」の生涯 | 内田義雄 | 講談社 | |
| | 5月16日 | 別荘 | ホセ・ドノソ | 現代企画室 | |
| | 5月23日 | 日の名残り | カズオ・イシグロ | ハヤカワepi文庫 | |
| | 5月23日 | ぼくは数式で宇宙の美しさを伝えたい | クリスティン・バーネット | 角川書店 | |
| | 5月30日 | 増補　健康半分 | 赤瀬川原平 | デコ | |
| | 5月30日 | かわいい結婚 | 山内マリコ | 講談社文庫 | |
| | 6月 6日 | 北斎娘・応為栄女集 | 久保田一洋（編著） | 藝華書院 | |
| | 6月 6日 | 賢者の愛 | 山田詠美 | 中公文庫 | |
| | 6月13日 | 百姓貴族 | 荒川弘 | 新書館（マンガ） | |
| | 6月13日 | あたりまえのぜひたく。 | きくち正太 | 幻冬舎（マンガ） | |
| | 6月20日 | 忘れられた巨人 | カズオ・イシグロ | ハヤカワepi文庫 | |
| | 6月20日 | イザベルに　ある曼荼羅 | アントニオ・タブッキ | 河出書房新社 | |
| | 6月27日 | 東京マグニチュード8.0　悠貴と星の砂 | 高橋ナツコ | 竹書房文庫 | |
| | 6月27日 | 川柳みだれ髪　林ふじを句集 | 復本一郎（監修） | ブラス出版 | |
| | 7月 4日 | あなたに褒められたくて | 高倉健 | 集英社文庫 | |
| | 7月 4日 | 流 | 東山彰良 | 講談社文庫 | |
| | 7月11日 | 一路 | 浅田次郎 | 中公文庫 | |
| | 7月11日 | 本で床は抜けるのか | 西牟田靖 | 本の雑誌社 | |
| | 7月18日 | 淀川長治の映画人生 | 岡田喜一郎 | 中公新書ラクレ | |
| | 7月18日 | スリランカの赤い雨　生命は宇宙から飛来するか | 松井孝典 | 角川学芸出版 | |
| | 7月25日 | 誰も調べなかった日本文化史　土下座・先生・牛・全裸 | パオロ・マッツァリーノ | ちくま文庫 | |
| | 7月25日 | オールド・テロリスト | 村上龍 | 文春文庫 | |
| | 8月 1日 | 女神 | 三島由紀夫 | 新潮文庫 | |
| | 8月 1日 | 謎解き　ヒエロニムス・ボス | 小池寿子 | 新潮社 | |
| | 8月 8日 | 救済のゲーム | 河合莞爾 | 新潮社 | |
| | 8月15日 | 帰還兵はなぜ自殺するのか | デイヴィッド・フィンケル | 亜紀書房 | |
| | 8月22日 | 旅のラゴス | 筒井康隆 | 新潮文庫 | |
| | 8月29日 | スクラップ・アンド・ビルド | 羽田圭介 | 文藝春秋 | |
| | 8月29日 | 火花 | 又吉直樹 | 文春文庫 | |
| | 9月 5日 | もっと塩味を！ | 林真理子 | 中公文庫 | |
| | 9月 5日 | たまたまザイール、またコンゴ | 田中真知 | 偕成社 | |
| | 9月12日 | 聖の青春 | 大崎善生 | 角川文庫 | |
| | 9月12日 | 盤上の夜 | 宮内悠介 | 創元SF文庫 | |
| ♛★ | 9月19日 | 秘島図鑑 | 清水浩史 | 河出書房新社 | →P178 |
| | 9月19日 | 村上さんのところ | 村上春樹 | 新潮社 | |
| | 9月26日 | アメリカ彦蔵 | 吉村昭 | 新潮文庫 | |

アニメ映画化され、声で出演！

私が紹介するとき杏ちゃんがずっと顔をしかめていた特殊な本。

理由がないから冒険は楽しい。

| 日付 | 書名 | 著者 | 出版社 | |
|---|---|---|---|---|
| 9月26日 | もたない男 | 中崎タツヤ | 新潮文庫 | |
| 10月 3日 | 妄想の森 | 岸田今日子 | 文藝春秋 | |
| 10月 3日 | 王とサーカス | 米澤穂信 | 東京創元社 | |
| 10月10日 | 殺人者はそこにいる　逃げ切れない狂気、非情の13事件 | 「新潮45」編集部編 | 新潮文庫 | |
| 10月10日 | 国境のない生き方　私をつくった本と旅 | ヤマザキマリ | 小学館新書 | |
| ★10月17日 | おさん | 山本周五郎 | 新潮文庫 | →P182 |
| 10月17日 | 日々の光 | ジェイ・ルービン | 新潮社 | |
| 10月24日 | 雁 | 森鷗外 | 新潮文庫 | |
| 10月24日 | 孤狼の血 | 柚月裕子 | 角川文庫 | |
| 10月31日 | 拍手のルール　秘伝クラシック鑑賞術 | 茂木大輔 | 中公文庫 | |
| 10月31日 | 鳩の撃退法 | 佐藤正午 | 小学館文庫 | パズルを組み合せながら読む本。 |
| ★11月 7日 | 新幹線を走らせた男　国鉄総裁十河信二物語 | 髙橋団吉 | デコ | →P186 |
| ★11月 7日 | かえりみち | 森洋子 | トランスビュー | →P189 |
| 11月14日 | オケ老人! | 荒木源 | 小学館文庫 | 映画で演じました |
| 11月14日 | 岸辺の旅 | 湯本香樹実 | 文春文庫 | |
| 11月21日 | 長安異神伝 | 井上祐美子 | 中公文庫 | |
| 11月21日 | 村田エフェンディ滞土録 | 梨木香歩 | 角川文庫 | |
| 11月28日 | 幻の声　髪結い伊三次捕物余話 | 宇江佐真理 | 文春文庫 | |
| 11月28日 | 骨風 | 篠原勝之 | 文藝春秋 | |
| 12月 5日 | 世界の辺境とハードボイルド室町時代 | 高野秀行／清水克行 | 集英社インターナショナル | |
| 12月 5日 | 空海 | 髙村薫 | 新潮社 | |
| 12月12日 | 胸の小箱 | 浜田真理子 | 本の雑誌社 | 大好きなシンガー |
| 12月12日 | 虫めづる姫君　堤中納言物語 | 作者未詳／蜂飼耳(訳) | 光文社古典新訳文庫 | |
| 12月19日 | 黒博物館　ゴーストアンドレディ | 藤田和日郎 | 講談社(マンガ) | |
| 12月19日 | 昭和元禄落語心中 | 雲田はるこ | 講談社(マンガ) | |
| 12月26日 | 武道館 | 朝井リョウ | 文藝春秋 | |
| 12月26日 | 新しい十五匹のネズミのフライ　ジョン・H・ワトソンの冒険 | 島田荘司 | 新潮社 | |

## 2016年

| 日付 | 書名 | 著者 | 出版社 | |
|---|---|---|---|---|
| 1月 2日 | いのちの樹　IKTT森本喜久男カンボジア伝統織物の世界 | 内藤順司 | 主婦の友社 | |
| 1月 2日 | IKKOAN　一幸庵　72の季節のかたち | 水上力／南木隆助／川腰和徳 | 青幻舎 | |
| 1月 9日 | ミルク世紀　ミルクによるミルクのためのミルクの本 | 寄藤文平／チーム・ミルクジャパン | ポプラ文庫 | |
| 1月 9日 | カラマーゾフの兄弟 | ドストエフスキー／亀山郁夫(訳) | 光文社古典新訳文庫 | 登場人物の好き嫌いで性格が分かる。 |
| 1月16日 | 戦地で生きる支えとなった115通の恋文 | 稲垣麻由美 | 扶桑社 | |
| 1月16日 | 白鯨との闘い | ナサニエル・フィルブリック | 集英社文庫 | |
| 1月23日 | 色彩を持たない多崎つくると、彼の巡礼の年 | 村上春樹 | 文春文庫 | |
| 1月23日 | 消滅　VANISHING POINT | 恩田陸 | 中央公論新社 | |
| 1月30日 | 任俠書房 | 今野敏 | 中公文庫 | |

| 日付 | 書名 | 著者 | 出版社 |
|---|---|---|---|
| 1月30日 | 新カラマーゾフの兄弟 | 亀山郁夫 | 河出書房新社 |
| 2月 6日 | 大江戸美味草紙 | 杉浦日向子 | PHP研究所 |
| 2月 6日 | 赤瀬川原平漫画大全 | 赤瀬川原平 | 河出書房新社 |
| 2月13日 | 若冲 | 澤田瞳子 | 文春文庫 |
| 2月13日 | 白日の鴉 | 福澤徹三 | 光文社文庫 |
| 2月20日 | 菜の花の沖 | 司馬遼太郎 | 文春文庫 |
| 2月20日 | 翔ぶが如く | 司馬遼太郎 | 文春文庫 |
| 2月27日 | 黒い迷宮　ルーシー・ブラックマン事件の真実 | リチャード・ロイド・パリー | ハヤカワ文庫NF |
| 2月27日 | 探検家の憂鬱 | 角幡唯介 | 文春文庫 |
| 3月 5日 | ワンダー Wonder | R.J.パラシオ | ほるぷ出版 |
| 3月 5日 | 鳥 | オ・ジョンヒ | 段々社 |
| 3月12日 | 頭のいい子を育てるおはなし366　1日1話3分で読める | 主婦の友社編 | 主婦の友社 |
| 3月12日 | ケチャップマン | 鈴木のりたけ | ブロンズ新社 |
| 3月19日 | 白蓮の阿修羅 | 篠綾子 | 出版芸術社 |
| 3月19日 | 未成年 | イアン・マキューアン | 新潮クレスト・ブックス |
| 3月26日 | アンティークは語る | マーク・アラム | エクスナレッジ |
| 3月26日 | 異類婚姻譚 | 本谷有希子 | 講談社 |
| 4月 2日 | 御松茸騒動 | 朝井まかて | 徳間文庫 |
| 4月 2日 | 目の見えない人は世界をどう見ているのか | 伊藤亜紗 | 光文社新書 |
| 4月 9日 | 一日だけの殺し屋 | 赤川次郎 | 徳間文庫 |
| 4月 9日 | 他人のふたご　「輸出」ベイビーたちの奇跡の物語 | アナイス・ボルディエ／サマンサ・ファターマン | 太田出版 |
| 4月16日 | マレー蘭印紀行 | 金子光晴 | 中公文庫 |
| 4月16日 | 鬱屈精神科医、占いにすがる | 春日武彦 | 太田出版 |
| 4月23日 | 東京物語 | 奥田英朗 | 集英社文庫 |
| 4月23日 | 居心地の悪い部屋 | 岸本佐知子（編訳） | 河出文庫 |
| 4月30日 | 東京タクシードライバー | 山田清機 | 朝日文庫 |
| 4月30日 | ガラパゴス | 相場英雄 | 小学館 |
| 5月 7日 | 中村屋のボース　インド独立運動と近代日本のアジア主義 | 中島岳志 | 白水Uブックス |
| 5月 7日 | [現代版]絵本御伽草子　付喪神 | 町田康／石黒亜矢子（絵） | 講談社 |
| 5月14日 | 20歳の自分に受けさせたい文章講義 | 古賀史健 | 星海社新書 |
| ♛ 5月14日 | 五色の虹　満州建国大学卒業生たちの戦後 | 三浦英之 | 集英社文庫 |
| 5月21日 | A Child is Born　赤ちゃんの誕生 | レナルト・ニルソン | あすなろ書房（写真集） |
| 5月21日 | 鉄道旅で「道の駅〝ご当地麺〟」　全国66カ所の麺ストーリー | 鈴木弘毅 | 交通新聞社新書 |
| 5月28日 | 牛姫の嫁入り | 大山淳子 | 角川書店 |
| 5月28日 | アメリカ最後の実験 | 宮内悠介 | 新潮社 |
| 6月 4日 | あさって歯医者さんに行こう | 高橋順子 | デコ |
| 6月 4日 | 死んでいない者 | 滝口悠生 | 文藝春秋 |
| 6月11日 | 眩 | 朝井まかて | 新潮社 |
| 6月11日 | たった独りの引き揚げ隊　10歳の少年、満州1000キロを征く | 石村博子 | 角川文庫 |

舞台は奈良時代！

「どうして」が読後も頭の中でぐるぐる回る。

リスナーの反応がすごかった。

この写真集はすごい…

| | | | | | |
|---|---|---|---|---|---|
| | 6月18日 | シュマリ | 手塚治虫 | 講談社（マンガ） | |
| | 6月18日 | 火の鳥　黎明編 | 手塚治虫 | 小学館クリエイティブ（マンガ） | |
| | 6月25日 | 結婚式のメンバー | カーソン・マッカラーズ | 新潮文庫 | |
| | 6月25日 | リアスの子 | 熊谷達也 | 光文社文庫 | |
| | 7月 2日 | マチネの終わりに | 平野啓一郎 | 毎日新聞出版 | |
| | 7月 9日 | 姥ざかり花の旅笠　小田宅子の「東路日記」 | 田辺聖子 | 集英社文庫 | |
| | 7月 9日 | 羊と鋼の森 | 宮下奈都 | 文藝春秋 | |
| | 7月16日 | ほんとうの花を見せにきた | 桜庭一樹 | 文春文庫 | |
| | 7月16日 | あの素晴らしき七年 | エトガル・ケレット | 新潮クレスト・ブックス | |
| | 7月23日 | 小説日本婦道記 | 山本周五郎 | 新潮文庫 | |
| | 7月23日 | ストーカー加害者　私から、逃げてください | 田淵俊彦／NNNドキュメント取材班 | 河出書房新社 | |
| | 7月30日 | 岡本太郎の沖縄 | 平野暁臣（編集）／岡本太郎（撮影） | 小学館クリエイティブ | |
| | 7月30日 | バウルの歌を探しに　バングラデシュの喧噪に紛れ込んだ彷徨の記録 | 川内有緒 | 幻冬舎文庫 | |
| | 8月 6日 | わたしの日々 | 水木しげる | 小学館（マンガ） | |
| | 8月 6日 | ヘンゼルとグレーテル | 大友克洋 | ソニー・マガジンズ（マンガ） | |
| | 8月13日 | ティファニーのテーブルマナー | W.ホービング | 鹿島出版会 | |
| ★ | 8月13日 | 村に火をつけ、白痴になれ　伊藤野枝伝 | 栗原康 | 岩波書店 | →P193 |
| | 8月20日 | 死ぬ気まんまん | 佐野洋子 | 光文社文庫 | |
| | 8月20日 | オリエント世界はなぜ崩壊したか　異形化する「イスラム」と忘れられた「共存」の叡智 | 宮田律 | 新潮選書 | |
| | 8月27日 | ひゃくはち | 早見和真 | 集英社文庫 | |
| | 8月27日 | 十五少年漂流記 | ジュール・ヴェルヌ／椎名誠・渡辺葉（訳） | 新潮モダン・クラシックス | |
| | 9月 3日 | いとしいたべもの | 森下典子 | 文春文庫 | |
| | 9月 3日 | 人生はマナーでできている | 髙橋秀実 | 集英社 | |
| | 9月10日 | 俺のがヤバイ | 滝原勇斗 | 飛鳥新社 | |
| | 9月10日 | 伯爵夫人 | 蓮實重彥 | 新潮社 | |
| | 9月17日 | 戦国の少年外交団秘話　ポルトガルの古城で発見された1584年の天正遣欧使節の記録 | ティアゴ・サルゲイロ | 長崎文献社 | |
| | 9月17日 | 山猫の夏 | 船戸与一 | 小学館文庫 | |
| | 9月24日 | 新しい道徳　「いいことをすると気持ちがいい」のはなぜか | 北野武 | 幻冬舎 | |
| | 9月24日 | ジハーディストのベールをかぶった私 | アンナ・エレル | 日経BP社 | |
| | 10月 1日 | 魔女の宅急便6　それぞれの旅立ち | 角野栄子 | 角川文庫 | |
| | 10月 1日 | 下山事件　暗殺者たちの夏 | 柴田哲孝 | 祥伝社文庫 | |
| | 10月 8日 | 南鳥島特別航路 | 池澤夏樹 | 新潮文庫 | |
| | 10月 8日 | 本人遺産 | 南伸坊／南文子（写真） | 文藝春秋 | |
| | 10月15日 | 自由訳　方丈記 | 新井満 | デコ | |
| | 10月15日 | ペルーの異端審問 | フェルナンド・イワサキ | 新評論 | |
| | 10月22日 | ぼっけえ、きょうてえ | 岩井志麻子 | 角川ホラー文庫 | |
| | 10月22日 | 海峡3部作 | 伊集院静 | 新潮文庫 | |
| ♛★ | 10月29日 | 婦人の新聞投稿欄「紅皿」集　戦争とおはぎとグリンピース | 西日本新聞社編 | 西日本新聞社 | →P196 |

マンガだけど、私のバイブル。

10月29日　イエスの幼子時代　J.M.クッツェー　早川書房
早く続きを。
11月12日　室町無頼　垣根涼介　新潮社
11月12日　文字の博覧会　旅して集めた〝みんぱく〟中西コレクション　LIXIL BOOKLET
西尾哲夫／臼田捷治／浅葉克己／永原康史／八杉佳穂
11月19日　〆切本　左右社編集部編　左右社
11月19日　8割の人は自分の声が嫌い　心に届く声、伝わる声
山﨑広子　角川SSC新書
11月26日　Aritsugu　京都・有次の庖丁案内　藤田優　小学館
★ 11月26日　テロ　フェルディナント・フォン・シーラッハ　東京創元社　→P201
12月 3日　100万分の1回のねこ　谷川俊太郎他　講談社
12月 3日　杏の気分ほろほろ　杏　朝日新聞出版
12月10日　誹諧　武玉川(一)　慶紀逸(編集)／山澤英雄(校訂)　岩波文庫
12月10日　誰も知らない世界のことわざ　エラ・フランシス・サンダース　創元社

## 2017年

1月 7日　明治・父・アメリカ　星新一　新潮文庫
1月 7日　最後の秘境　東京藝大　天才たちのカオスな日常　二宮敦人　新潮社
1月14日　70 Japanese Gestures: No Language Communication
Hamiru-aqui　Stone Bridge Press
1月14日　シリコンバレーで起きている本当のこと　宮地ゆう　朝日新聞出版
👑 1月21日　光炎の人　木内昇　角川書店
1月21日　蜜蜂と遠雷　恩田陸　幻冬舎
1月28日　紙さまの話　紙とヒトをつなぐひそやかな物語
大平一枝／小林キユウ(写真)　誠文堂新光社
1月28日　IRVING PENN　John Szarkowski　Museum of Modern Art(写真集)
2月 4日　トットちゃんとソウくんの戦争　黒柳徹子／田原総一朗　講談社
2月 4日　籠の鸚鵡　辻原登　新潮社
2月11日　アミ　小さな宇宙人　エンリケ・バリオス ／さくらももこ (絵)
石原彰二 (訳)　徳間文庫
年を重ねて何度も読み直したい
2月11日　カンディード　他五篇　ヴォルテール　岩波文庫
2月18日　江戸の乳と子ども　いのちをつなぐ　沢山美果子　吉川弘文館
2月18日　猿の見る夢　桐野夏生　講談社
2月25日　日出る国の工場　村上春樹／安西水丸　新潮文庫
2月25日　風の歌を聴け　村上春樹　講談社文庫
3月 4日　I Love You の訳し方　望月竜馬　雷鳥社
3月 4日　魔境殺神事件　長編伝奇小説　半村良　祥伝社文庫
3月11日　Daido Moriyama: Odasaku　Daido Moriyama　bookshop M(写真集)
3月11日　不時着する流星たち　小川洋子　角川書店
3月18日　関ヶ原　司馬遼太郎　新潮文庫
3月18日　野良ビトたちの燃え上がる肖像　木村友祐　新潮社
3月25日　こんなにちがう!　世界の子育て　メイリン・ホプグッド　中央公論新社
3月25日　サブマリン　伊坂幸太郎　講談社
4月 1日　四月になれば彼女は　川村元気　文藝春秋
4月 1日　応仁の乱　戦国時代を生んだ大乱　呉座勇一　中公新書
4月 8日　もう一つの「幕末史」　〝裏側〟にこそ「本当の歴史」がある!
半藤一利　三笠書房
4月 8日　本当の戦争の話をしよう　世界の「対立」を仕切る
伊勢﨑賢治　朝日出版社
高校生への講義をまとめた本。私も一緒に深く悩みました。

| 日付 | 書名 | 著者 | 出版社 |
|---|---|---|---|
| 4月15日 | 成功者K | 羽田圭介 | 河出書房新社 |
| 4月15日 | フィリピンパブ嬢の社会学 | 中島弘象 | 新潮新書 |
| 4月22日 | 志ん生の食卓 | 美濃部美津子 | アスペクト |
| 4月22日 | 世界ぐるっとひとり旅、ひとりメシ紀行 | 西川治 | だいわ文庫 |
| 4月29日 | レッツ!!古事記 | 五月女ケイ子 | ポプラ文庫 |
| 4月29日 | Codex Seraphinianus | Luigi Serafini | Rizzoli |
| 5月 6日 | 手塚治虫小説集成 | 手塚治虫 | 立東舎文庫 |
| 5月 6日 | イノセント・ガールズ　20人の最低で最高の人生 | 山崎まどか | アスペクト |
| 5月13日 | 向田理髪店 | 奥田英朗 | 光文社 |
| 5月13日 | 寺院消滅　失われる「地方」と「宗教」 | 鵜飼秀徳 | 日経BP社 |
| 5月20日 | あのころ | さくらももこ | 集英社文庫 |
| 5月20日 | 海を照らす光 | M. L.ステッドマン | ハヤカワepi文庫 |
| 5月27日 | 命の意味 命のしるし | 上橋菜穂子／齊藤慶輔 | 講談社 |
| 5月27日 | キトラ・ボックス | 池澤夏樹 | 角川書店 |
| 6月 3日 | 田中圭一の「ペンと箸」　漫画家の好物 | 田中圭一 | 小学館 |
| 6月 3日 | 騎士団長殺し | 村上春樹 | 新潮社 |
| 6月10日 | 日本料理のコツ | 杉田浩一／比護和子／畑耕一郎 | 角川ソフィア文庫 |
| 6月10日 | 私なりに絶景　ニッポンわがまま観光記 | 宮田珠己 | 廣済堂出版 |
| 6月17日 | モリのアサガオ | 郷田マモラ | 双葉社（マンガ） |
| 6月17日 | 響　小説家になる方法 | 柳本光晴 | 小学館（マンガ） |
| 6月24日 | 困ったときのベタ辞典 | アコナイトレコード編 | だいわ文庫 |
| ♛ 6月24日 | 年月日 | 閻連科 | 白水社 |
| 7月 1日 | 夢幻花 | 東野圭吾 | PHP文芸文庫 |
| 7月 1日 | あなたの人生の物語 | テッド・チャン | ハヤカワ文庫SF |
| 7月 8日 | ニワトリ　人類を変えた大いなる鳥 | アンドリュー・ロウラー／熊井ひろ美（訳） | インターシフト |
| 7月 8日 | 三千世界に梅の花 | 富岡多恵子 | 新潮社 |
| 7月15日 | おもちゃのいいわけ | 舟越桂 | すえもりブックス |
| 7月15日 | 永遠の道は曲りくねる | 宮内勝典 | 河出書房新社 |
| 7月22日 | 隼別王子の叛乱 | 田辺聖子 | 中公文庫 |
| 7月22日 | 白い犬 | 梅佳代 | 新潮社（写真集） |
| 7月29日 | レタスバーガープリーズ. OK, OK! | 松田奈緒子 | 河出書房新社（マンガ） |
| 7月29日 | BURNING MAN ART ON FIRE | ジェニファー・レイザー | 玄光社（写真集） |
| 8月 5日 | 江戸の躾と子育て | 中江克己 | 祥伝社新書 |
| 8月 5日 | すべて真夜中の恋人たち | 川上未映子 | 講談社文庫 |
| 8月12日 | 戦争中の暮しの記録 | 暮しの手帖編集部編 | 暮しの手帖社 |
| 8月12日 | 虹を待つ彼女 | 逸木裕 | 角川書店 |
| 8月19日 | 未完。 | 仲代達矢 | 角川書店 |
| 8月19日 | マラス　暴力に支配される少年たち | 工藤律子 | 集英社 |
| 8月26日 | 100年前の写真で見る　世界の民族衣装 | ナショナル ジオグラフィック編 | 日経ナショナル ジオグラフィック社 |
| 8月26日 | 千年王国への旅 | 横尾忠則 | 講談社 |
| 9月 2日 | うれしい手縫い　ダルマ家庭糸の針仕事ノート | 横田株式会社 | グラフィック社 |
| 9月 2日 | 幼な子われらに生まれ | 重松清 | 幻冬舎文庫 |
| 9月 9日 | 花咲舞が黙ってない | 池井戸潤 | 中公文庫 |

誰にも読めない百科事典。

まさかの科学的な本

すべての人へ。

古事記の小説

この本紹介したら、梅さんと飯食えた。

一家に一冊。

| | | | |
|---|---|---|---|
| 9月 9日 | 猿神のロスト・シティ　地上最後の秘境に眠る謎の文明を探せ | ダグラス・プレストン | NHK出版 |
| 9月16日 | 蚊がいる | 穂村弘 | 角川文庫 |
| 9月16日 | ヒルビリー・エレジー　アメリカの繁栄から取り残された白人たち | J. D. ヴァンス | 光文社 |
| 9月23日 | お目出たき人 | 武者小路実篤 | 新潮文庫 |
| 9月23日 | 往復書簡　初恋と不倫 | 坂元裕二 | リトルモア |
| 9月30日 | 字が汚い! | 新保信長 | 文藝春秋 |
| 9月30日 | 階段を下りる女 | ベルンハルト・シュリンク | 新潮クレスト・ブックス |
| 10月 7日 | BUTTER | 柚木麻子 | 新潮社 |
| 10月 7日 | 月の満ち欠け | 佐藤正午 | 岩波書店 |
| 10月14日 | ベスト珍書　このヘンな本がすごい! | ハマザキカク | 中公新書ラクレ |
| 10月14日 | into the forest | 田淵三菜 | 入江泰吉記念写真賞実行委員会(写真集) |
| 10月21日 | 風の谷のナウシカ | 宮崎駿 | 徳間書店 |
| 10月21日 | ハリネズミの願い | トーン・テレヘン | 新潮社 |
| 10月28日 | 「本をつくる」という仕事 | 稲泉連 | 筑摩書房 |
| 10月28日 | へろへろ　雑誌『ヨレヨレ』と「宅老所よりあい」の人々 | 鹿子裕文 | ナナロク社 |
| 11月 4日 | 新聞錦絵の世界 | 高橋克彦 | 角川文庫 |
| 11月 4日 | うつヌケ　うつトンネルを抜けた人たち | 田中圭一 | 角川書店 |
| 11月11日 | 死してなお踊れ　一遍上人伝 | 栗原康 | 河出書房新社 |
| 11月11日 | 里山奇談 | coco/日高トモキチ/玉川数 | 角川書店 |
| 11月18日 | 蔦屋 | 谷津矢車 | 学研パブリッシング |
| 11月18日 | 雀蜂 | 貴志祐介 | 角川ホラー文庫 |
| 11月25日 | ATANI HAROS　Rock'n' Roll Gypsy　アタニハロス | 松井友和/松井加奈 | GOEN.LiNK publishing house |
| 11月25日 | 豊饒の海 | 三島由紀夫 | 新潮文庫 |
| 12月 2日 | 「世界遺産」20年の旅 | 髙城千昭 | 河出書房新社 |
| 12月 2日 | 東大卒貧困ワーカー | 中沢彰吾 | 新潮新書 |
| 12月 9日 | ある奴隷少女に起こった出来事 | ハリエット・アン・ジェイコブズ | 新潮文庫 |
| 12月 9日 | ギケイキ　千年の流転 | 町田康 | 河出書房新社 |
| 12月16日 | 男と女の台所 | 大平一枝 | 平凡社 |
| 12月16日 | 天才たちの日課　クリエイティブな人々の必ずしもクリエイティブでない日々 | メイソン・カリー | フィルムアート社 |
| 12月23日 | 塩の道 | 宮本常一 | 講談社学術文庫 |
| 12月23日 | 世界で一番の贈りもの | マイケル・モーパーゴ/マイケル・フォアマン(絵) | 評論社 |
| 12月30日 | GOOD WORKS　一生以上の仕事 | megurogawa good label(著・編) | メアリーアンドディーン |
| 12月30日 | 影裏 | 沼田真佑 | 文藝春秋 |

あぁ ー…ってなります

濃厚な小説。

大好きすぎてウッカリ今まで紹介していなかった!!

ちょっと真似してみたい家族で世界一周。

どうなる日本。

また泣いちゃった。

※出版社については、原則として一番新しいものを掲載しています(2018年1月時点)。

※BOOK BAR大賞とは、毎年番組の中で、二人がそれぞれ、「これぞ!」という一冊を選んでいるものです。

## J-WAVE 「BOOK BAR」

毎週土曜 22:00 ～ 22:54 放送（※ 2018 年 2 月現在）

企画協力
J-WAVE「BOOK BAR」
プロデューサー　宇治啓之
プロデューサー　小松祐太
ディレクター　裴　順代
ディレクター　大村博史
ディレクター　藤山　望
アシスタントディレクター　加藤海陸
アシスタントディレクター　鮫島　愛

協力
株式会社トップコート

撮影協力（P208、P238）
カメラマン　緒方亜衣
スタイリスト　佐伯敦子
ヘアメイク　佐々木貞江

杏（あん）

1986年、東京都生まれ。2001年モデルとしてデビュー。2005年から海外のプレタポルテコレクションで活躍、2006年ニューズウィーク誌「世界が尊敬する日本人100人」に選ばれる。2007年に女優デビューし、『名前をなくした女神』（2011年）で連続ドラマに初主演する。NHK連続テレビ小説『ごちそうさん』（2013年）でヒロイン役を務めるなど、女優業を中心にナレーターや声優など多彩な活躍を続ける。2008年より「BOOK BAR」のナビゲーターを務める。

大倉眞一郎（おおくら・しんいちろう）

1957年、熊本県生まれ、山口県下関育ち。1980年、慶應義塾大学文学部東洋史学科卒業。同年、広告代理店・株式会社電通に入社。J-WAVE開局専任担当を務める。1990年から1997年までロンドンに勤務。1997年、帰国と同時に電通を退社する。J-WAVE「TOKIO TODAY」ナビゲーター、広告会社経営を経て、現在はクリエイティブディレクター、コピーライター、エッセイスト、フォトグラファーとしても幅広く活動中。2008年より「BOOK BAR」のナビゲーターを務める。

この作品はラジオ放送を書き起こし、再構成したものです。
本書に記されている情報は放送当時のものです。

BOOK BAR（ブックバー） お好（この）みの本（ほん）、あります。

2018年2月25日　発行
2018年3月20日　2刷

著　者　杏（あん）
　　　　大倉眞一郎（おおくらしんいちろう）

発行者　佐藤隆信

発行所　株式会社新潮社

〒162-8711　東京都新宿区矢来町71

編集部　(03) 3266-5611

読者係　(03) 3266-5111

http://www.shinchosha.co.jp

印刷所　錦明印刷株式会社

製本所　加藤製本株式会社


ISBN978-4-10-351631-6　C0095